国 家 大 事 丛 书 ｜ 2015年国家新闻出版改革发展项目库项目

人工智能3.0：
大智若愚

高奇琦　等著

Artificial Intelligence :

Nobody's Fool

复旦大学出版社

丛书序 *PREFACE*

　　动议策划，到第一辑八种即将出版，这套丛书的"孕育期"，算来已三年有余。每种六万字左右，首辑也就五十来万字吧，却用了约四个"十月怀胎"期，这在时下快约、快编、快发的"三快"出版"新模式"中，算得上是个"因循守旧"的特例了。然而这不正说明复旦大学出版社对于这套以青少年学生为主要对象的大众读物用心用力之深吗？

　　长达三四万字的策划书、拟目及纲要，多达六七个轮次的专家与师生的论证，反反复复的大纲修订与初目确定，直到关键的、以"专家写小书"为标准的著作者选定，大约用了两年时间；这样算来，各位专家为一种小书的撰写，都用了一年有余，应相当于他们当初撰写攸关个人前程的博士论文所花费的时间了。作为丛书的提议者，我不能不对他们放下手边的科研项目，以如此认真的态度来从事这样一项算不上"学术成果"的工作，肃然起敬。为什么这样一个看来有点"老土"的选题，能被一家以"学术出版"为首务，蜚声海内外的大学社一眼相中，并集聚起众多的知名学者与出版人合作共襄？这就不能不回顾一下有关的策划初衷。虽然近40个月过去了，目前的情况与当初相比，已经有所变化，但是基本面还是相同的。

当时的动因是报端与网上的两类有点极端的"热点"问题。

一是屡见不鲜的青少年学生因升学考试失利而轻生的报道与讨论。一次高考放榜后，网上盛传一段视频：两位学子因此而坠楼。为什么我们的孩子们会如此地脆弱？

二是日本强行进行所谓的钓鱼岛"国有化"后国内"愤青"的行动，网上对此议论纷纷，而偏偏当时尚无一种深入阐析事件、给青年们爱国热情以正确引导的出版物。反观日本，却将所谓"尖阁诸岛"（即钓鱼岛）问题列入中学教育有关课程。现在不仅"东海""南海"问题继续发酵，而且周边事态愈加复杂，"朝核"问题、"萨德"问题、"南海仲裁案"问题等，层出不穷，甚至由外而内，"台独"正变本加厉，"港独"又粉墨登场，而"愤青"行动也随之高涨。可叹的是有关的图书虽已有了数种，但还远远谈不上系统化与规模化。

诚然，青年人中上述两种动向不可相提并论。"愤青"行动固然有待于理性化，但这是"五四"以来，不，应当说是从汉末"清议"以来，中国青年学子以参与"国是"为己任的传统之继续，是当今越来越多的青年人强烈关注"中国崛起"的群体意识之表现；而文战不利即轻生，也是一种极端表现，是伴随数十年以来的"小皇帝"一代而引

人工智能3.0：大智若愚

发的当代中国最可忧的社会现象。然而"小皇帝"的过于脆弱，与"愤青"时不时因过于激愤而不免"出格"，这过"阴"过"阳"之间，却有着某种认识论上的同一性。当代认识论揭示：人约在七八岁时，由孩提时期所累积的片断印象，会形成观察外部世界的最初的"认识图式"，在以后的"活动"中，又不断地接受外部的交互影响着的新信息，而使认识图式处于不间断的活动建构之中。人的行为方式，就取决于这种认识图式。因此，知见的深浅，也就是视域的大小与对视域中各种事物相互关系的理解，对个人的行为方式是有决定性意义的；所以，超越一己一事所限而关注大事，超越一时一事所限而洞悉事件的来龙去脉、此事件与彼事件的相互关系，便成为个人行为是否恰当的前提，也应当是现在所热议的素质教育的首务。

"小皇帝"们的脆弱，根源就在于视域为一己一事所限。今天的青少年们，在知识结构、个性意识乃至由此而来的创造活力上都使我们这一辈人惊羡而自叹勿如，然而如就"抗打击力"，亦即"韧性"而言，"小皇帝"们却差了许多。就拿高考来说吧，且不论群体性地被剥夺了进入高校权利的"史无前例"时期，20世纪60—80年代有高考的年份，录取率也仅仅30%左右，但那时几乎未闻有落榜而轻生者。尤其是六七十年代之交，当初幸而登龙门者，至那时毕业，90%以上又都上了山、下了乡，那种由极度的希望跌入极度的失望之痛苦，甚至比不曾希望过者更惨烈十倍。然而当时，连同中学生在内的上山下乡的这一群却"熬"了十年，"挺"了过来，并从中产生了担当起"改革开放"重任的第一批青年生力军。回想这种"韧性"的由来，我们不能不感谢两类前辈：一是我们的父母，他们的"不管不问"，使子女的天性有了较自由的发展空间；二是当时的作家、翻译家、出版家们，他们为青年人提供了各种中外名著与各类知识读物。各种有关"上山下乡"的影视剧，有一个共同的情结，令我们这些过来人倍感亲切，这就是各知青点的"头儿""大哥"，都有一箱子不离不弃的书，而为知青们抢着阅读。逆境，使阅读与社会观察、思考融合互动，于是"上山下乡"的这一群，说得最多的一句格言便是"严冬即将过去，春天必将到来"。这种信念不仅是个人的，更是由深入社会的阅读中产生的对国家命运乃至人类历史的感悟。

孔夫子说"士不可以不弘毅"，毅即毅力、韧性；弘则指由开远的见识而来的志向，也是"毅"力的前提。引证这句格言，并不是说"上山下乡"的这一群人都达到了这种境界，毋庸讳言，曾经在改革开放伊始作出贡献的青年人中后来也不乏在"大浪淘沙"中沉沦为沙粒者。引证这句格言的用意只是想说明，超越一己目见身遇的更宽广的视域，在每一个人的人生历程中的重要性。奋起而终于沉沦者虽只是一小部分，但也反映了这一代人有其时代性的弱点，如长期的物质生活的贫乏、传统教育或"左"或"右"的影响、传统价值观念在"个性"与"家国"关系观念上的偏差等。这些使这一群中不少人迈过了"一时"之"己"这道坎，却过不了之后的一道又一道坎。今天的青年人有着远较过去优越的个性意识、知识结构与外部环境，因此有可能在更广更高的层次上，去完成"弘毅"品格的自我塑造。这就又要回过头来说说所谓"愤青"现象了。

对于"愤青",不必过多地求全责备。"愤"是血性的表现，几十年来，中国人的血性不是多了，而是少了。"愤青"现象在目前已超越"小皇帝"现象而成为社会的热点话题，说明超越一己得失而关注重大事件的青年人越来越多，这毋宁说是我们这个古老民族的一种希望。"愤青"之所以被有的长者视为"问题"，只是由于"愤青"们往往为一时一事所限，而尚欠缺对于事件的多维度的综合观察与思考；因此，进一步开拓视域以增强观察思考能力，从而将一时的"义愤"提升至"弘毅"的精神境界，也是"愤青"乃至所有青少年之必需。

以上就是这套丛书策划的动因。

"大事"有种种，为什么丛书非要取名为"国家大事"呢？在放论"全球化"，又崇尚个性的今天，这名目是否又有了些"老生常谈"的意味呢？这也是需要探讨的问题。

国家意识真的与全球意识格格不入吗？只要看看鼓吹世界主义最力的美国就不难明白。美国所称的"全球战略"，其核心就是维护其国家的核心利益与全球霸主的地位，这一点连他们的政客也直言不讳。离开国家意识的"全球意识"，在我看来只是个"伪命题"。抛开"闭关自锁"的落后观念，从周边看中国，从世界看中国，养成新的"国家大事"观，是这套丛书的主旨之一。

国家意识与个性意识真的水火不容吗？"马云"现象很能说明问题。创业时的马云无疑是位最有个性，最富于创造力的"天才"青年，然而马云及其阿里巴巴的成功首先是因为在自己的祖国。在国内互联网刚刚起步的时候，马云就慧眼独具地看出，在这片被认为是贫困落后的土地上，却蕴藏着发展互联网商务的最深厚的"洪荒之力"。阿里巴巴现在走向世界了，然而"马云"现象最使我感动的还不是这一点，而是他们激活了全国穷乡僻壤成千上万的家庭或个人加入了他的网络。自1968年起，我有十多年时间生活工作于多个这类贫困地区，深知当地人贫困却又淳朴到何等地步，也因此，现在网上购物时，我点击的手指就经常会不由自主地滑向这类电子商户，而同时总会掠过一个念头：马云们真的开创了远较政府资助有效十倍的不世功绩。马云的故事与众所周知、日益庞大的"海归"现象，启发了我们这套丛书的又一宗旨：如何从国家的发展态势与战略目标中，寻找到个性发展的确切定位。

由上述的出发点与宗旨，丛书采取了一种新的表述形式，它是时政性的，又是历史文化性的。它由一个个当代青年应当关注的热点时政话题切入，并扩展开来，追溯其历史文化渊源以及这种渊源在当今世界格局中的嬗变，从而使时政话题变得更丰厚，使历史文化变得更生动。希望以上设计，能成为当代中国青少年"弘毅"品格培育的一点助力。

赵昌平

人工智能3.0：大智若愚

目录 CONTENTS

1　图灵：悲剧英雄和毒苹果　　　　　　　　　1

2　达特茅斯的十侠论剑　　　　　　　　　　　9

3　三起两落潮水平　　　　　　　　　　　　　19

4　纵横江湖之五大流派　　　　　　　　　　　31

5　机器学习三巨头　　　　　　　　　　　　　41

6　AI江湖之中国功夫　　　　　　　　　　　　55

7　两种棋子，三局较量　　　　　　　　　　　67

8　当家庭拥有汽车不再必要　　　　　　　　　77

9　人人都能享受高质量的医疗服务　　　　　　93

10　机器人法官能保障公平正义吗？　　　　　105

11　巴菲特会失业吗？　　　　　　　　　　　117

12　政治事件背后的算法博弈　　　　　　　　127

13　为什么要向机器人征税？　　　　　　　　135

14　人工智能会胜过人类吗？　　　　　　　　145

15　未来完全公有制社会的实现　　　　　　　157

16　让人工智能在正常的轨道上运行　　　　　165

17　中国智慧点亮新世界主义　　　　　　　　175

结尾　大智若愚和愚公移山　　　　　　　　　187

后记　　　　　　　　　　　　　　　　　　　194

图灵：悲剧英雄和毒苹果

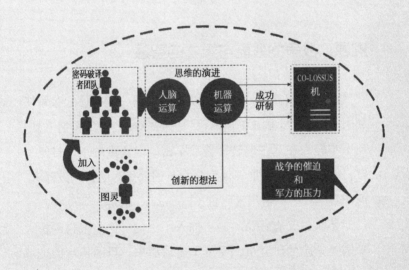

1939年秋，第二次世界大战欧洲战场激战正酣，来往于大西洋的英国商船和舰艇屡次遭到纳粹德国海、空军的袭击，遭受巨大的损失，无数生命葬身海底。这也使英国本土人心惶惶，战争失败的阴云笼罩着英吉利的上空。

溯源：战争的残酷与天才的智慧

　　让我们回到那个被纳粹蹂躏的欧洲。在神秘的布莱切利园（Bletchley Park）顶层，代号为"X电台"的军情六处，几个年轻人在紧张地破译着敌军密码，繁重的工作日复一日，然而却毫无进展。他们是全英国最优秀的密码破译者，但面对纳粹的恩格玛密码机（Enigma），也是一筹莫展。

　　不久，又有一位年轻人加入了他们，他是来自剑桥大学国王学院的研究员，受英军邀请而来，目的是帮助破解纳粹军方复杂而精密的通讯安全系统。这位不太起眼的年轻人就是艾伦·麦席森·图灵（Alan Mathison Turing）——日后，他是计算机科学和人工智能领域开山鼻祖式的人物。

　　此时的图灵，迅速投入到密码破译的工作中。看到同事们的工作毫无进展，他放弃了靠人脑运算破解密码的方式，提出了一个惊世骇俗的想法——用机器进行逻辑运算从而破解代码。在当时，人们能够利用机器替代双手劳动，但却从未想过用机器替代人脑去计算。

尽管军方仍旧有所顾忌，但是也没有更加行之有效的方法。1943年，在战争的催迫下，巨人机（CO-LOSSUS）研制成功，图灵的灵感注入了这台机器的设计制造。巨人机名副其实如同一个巨人，"他"庞大的体型内部布满1 500个电子管，同时装配了光电管阅读器。巨人机的功能就是代替人类进行计算和解码，它能够执行计数，并且能运行布尔代数逻辑运算，二进制算术也不在话下。

整个二战时期，这种巨人机共生产了10台，它们成为了英军的秘密武器，稳准狠地破译了纳粹用来传递军事行动计划的密码，能够知晓纳粹在大西洋上的一切动向，从而为盟军在战场上赢得了巨大的优势。由此，英国运送难民和战略物资的舰队终于能够避开纳粹的袭击在大西洋上安全地航行。

之后，在图灵的主导下，纳粹使用的一种高度加密的代码——Tunny密码又被他们破解了。最终，盟军凭借着机器，使得纳粹军方在二战前期战无不胜的加密系统几乎都被一一破解。这不仅让纳粹的每一个动向都暴露在盟军眼前，更能够使盟军通过篡改对方电报，从而干扰纳粹，以此强有力地影响纳粹的战争攻势。

灵感：图灵机与图灵测试

巨人机在二战中功不可没，然而制造巨人机的想法并不是灵光乍现，图灵制造计算机的设想在他参与战时密码破解之前就已经萌芽。

早在1937年，图灵就发表了《论数字计算在决断难题中的应用》。这篇论文在当时引起了很大的反响，亮点在附录里。他此时已经超前地描述了一种机器，它可以用来辅助数学研究。后来人们就将这种"自动机"称为"图灵机"。这个设想堪称是前无古人的，因为后来改变人类社会发展的电脑，以及目前最前沿最热门的"人工智能"，都来源于此。

然而巨人机远远算不上真正的计算机，图灵希望打造一个真正的计算机的想法，在结束战时任务之后的日子里终于能够付诸实现。他开始设计和具体研制"自动计算机"（ACE）。

1949年，图灵就任于曼彻斯特大学，当时他的角色是计算机实验室副主任。在这里，世界上最早的计算机即将诞生，这就是由图灵负责软件理论开发的"曼彻斯特一号"。图灵的伟大开始显现，他由此成为世界上第一位把计算机技术从纸上转移到现实中、实际应用于数学研究的科学家。

一年之后的1950年，"自动计算机"（ACE）样机终于在图灵的设计思想指导下诞生。人们普遍认为，是图灵提出了通用计算机的概念。

同样在1950年，影响深远的"图灵测试"被提出了（图1）。在"图灵测试"中，图灵构建了一个情境，参与的角色有：主持人、计算机、人类。计算机和人类被放到两个互不干扰的房间里，测试开始时由主持人提出一个问题，计算机和人类在互相无法沟通的情况下分别给出答案。要求是人类在回答问题时要像一个正常人那样进行逻辑思维，计算机要尽可能地模仿人给出答案。如果在他们回答之后，主持人没办法分辨哪个是人类答的，哪个是计算机答的，这时就可以认为该计算机拥有智能。一直到人工智能被炒得火热的今天，"图灵测试"依旧是判定计算机是否拥有人类智能的标准。

图1　图灵测试

那么，机器真的可以像人类一样思考吗？这个疑问从计算机诞生之初就萦绕在人类的脑海中。当年图灵也被质疑过，当他后来在监狱里被问到这个问题时，他回答说，即使你我同为人类，思考的方式也是迥然不同的。机器的思考不过是一场模仿的游戏。

悲剧：世俗的偏见与天才的陨落

机器的模仿游戏跨越了半个多世纪，一直演绎到今天，而图灵自己的人生却没有熬过半个世纪。1954年，一个沾有剧毒的苹果结束了这位被称为"人工智能之父"的年轻科学家的生命，他去世时年仅42岁。

在图灵生命的最后两年，因为他的男朋友和另一名男性进入他的房间盗窃，使其同性恋取向大白于天下。虽然现在英国因为其对同性恋群体的宽容而号称"腐国"，但是在六十多年前，这个国家却对同性恋存在严重的歧视。

警察逮捕了图灵，英国政府当时给了图灵两个选择：坐牢或者接受改变性取向的"荷尔蒙治疗"。图灵明白，一旦进入监狱，就意味着他科研生涯的结束。为了能够继续自己的研究，他选择了接受"荷尔蒙治疗"，实际上就是向体内注射激素。

痛苦的荷尔蒙治疗给图灵带来了令人难堪的身体上的变异，包括乳房发育，这对他造成了身心的双重打击。英国皇家学会会员和大英帝国荣誉勋章、二战英雄……这些荣誉都未能成为为图灵抵御世俗迫害的铠甲。

　　那个被咬了一口的苹果，日后被科技界传奇人物乔布斯作为 logo 打在苹果公司的产品上，令无数果粉趋之若鹜。当我们回顾西方文化发展史，就会发现苹果是他们文化中不可或缺的一部分，亚当和夏娃偷吃禁果"解说"了人类的起源、砸中牛顿的苹果推动了物理学的飞跃，然而图灵去世前所咬的苹果却充满了悲剧色彩（图 2）。

图 2　改变世界的"苹果"

结语：图灵的昭雪与人类的遗憾

　　1966 年，美国计算机协会设立了目前计算机界含金量最高、最负盛名的一个奖项——有"计算机界诺贝尔奖"

之称的"图灵奖"（A. M Turing Award），它是每个计算机科学家都梦寐以求的奖项。这算是对图灵在计算机科学领域的崇高地位的承认，也是对他的一种告慰，从此，图灵的名字将永远被镌刻于计算机科学发展的丰碑之上。

随着人类在人工智能领域的不断前进，图灵思想的深刻性逐渐显露出来。如今大行其道的人工智能思想溯其根源，莫不有那么一两处是来源于图灵。虽然学界对图灵的认可已达半个多世纪，但是官方对于他的"赦免"却来得很迟。

直到2013年圣诞节前一天，英国女王才终于代表国家给予图灵来自皇家的赦免。然而我们都知道这不意味着图灵的罪名得到了洗刷，因为他本没有罪，这代表的是一个国家对于自己在一位伟大科学家身上所犯罪行的赦免。

如果不是因为遭受迫害，图灵本可以对计算机科学和人工智能的发展贡献更多的智慧，现在的计算机技术可能也会因此而更上一个台阶。然而，由于社会对于同性恋群体的偏见及迫害，致使一个天才过早地陨落，也使得科学界蒙受了巨大的损失。

达特茅斯的十侠论剑

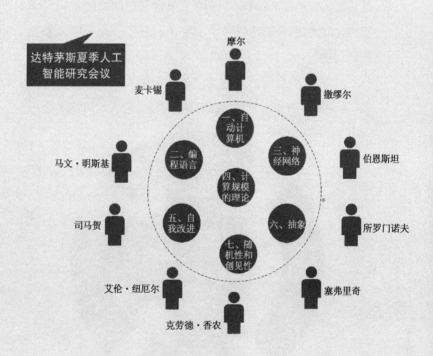

达特茅斯夏季人工智能研究会议

摩尔

麦卡锡

撒缪尔

马文·明斯基

伯恩斯坦

司马贺

所罗门诺夫

艾伦·纽厄尔

塞弗里奇

克劳德·香农

一、自动计算机
二、编程语言
三、神经网络
四、计算规模的理论
五、自我改进
六、抽象
七、随机性和创见性

1956年夏，位于美国新罕布什尔州的汉诺佛（Hanover）小镇充满生机，虽然正值暑假，但位于这里的达特茅斯学院依旧热闹非凡。这注定是一个不平凡的夏天，时年29岁的学院教师约翰·麦卡锡（John McCarthy）和马文·明斯基（Marvin Lee Minsky），邀请了来自五湖四海的年轻科学家们。他们相聚于达特茅斯学院，召开了一次头脑风暴式的研讨会。

这次夏季会议的全称为"达特茅斯人工智能夏季研讨会"（图3）。此时，带着各种目的来参会的人们可能不会想

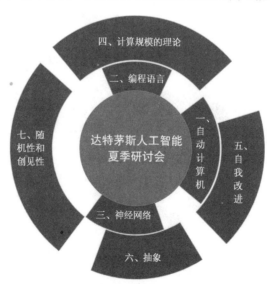

图3　会议计划研究的七个领域

到，这次长达一个月的讨论会在人工智能发展史上将产生里程碑式的意义。

论道：大咖云集达特茅斯

众所周知，达特茅斯是人工智能革命的滥觞之地。但实际上在达特茅斯的这一个月里，参会者们并没有一个固定的议程，讨论都建立在大范围的集思广益之上。最令人意外的是，虽然这是一次人工智能会议，参会的学者们却大多不是计算机专业的研究者，他们有的来自数学界，有的来自哲学界，学科背景各异，但都关注同一个问题。由此可见，人工智能从一开始就是一门跨学科的学问。

比会议内容本身更闪亮的是这些参与会议的大咖们（图4）。会议的召集者麦卡锡是普林斯顿大学的数学博士，他当时担任达特茅斯学院数学系的助理教授。虽然他的职业看起来与计算机科学没有什么直接的联系，但他对逻辑和计算理论一直有着强烈的兴趣。另外，他也深受"计算机之父"冯·诺伊曼（John von Neumann）的影响，对于用计算机来模拟智能抱有很大的兴趣。

会议的另一位召集人马文·明斯基是毕业于普林斯顿大学的数学博士，他和麦卡锡在读书时就熟识。同样也受冯·诺伊曼的启发，其博士论文的主题就是神经网络。由此可见，尽管冯·诺伊曼没有参加此次会议，但到处都是他的影子。

图4　AI大咖之聚

参加此次会议的重量级人物，还有后来的图灵奖得主，也是历史上首次同时获得图灵奖的师生组合——司马贺（Herbert Alexander Simon）和艾伦·纽厄尔（Allen Newell）。司马贺可谓年轻有为，他当时已经是卡内基理工学院工业管理系的系主任。值得一提的是，他十分热爱中国文化，并给自己取中文名为司马贺。他还是中国科学院的外籍院士。人工智能只是司马贺众多获得成就领域中的一个，他在政治科学和经济计量学领域的成就也足以被载入史册。他有9个博士头衔，各种大奖拿到手软。除图灵奖外，诺贝尔经济学奖、美国心理学会奖等重量级的国际大奖也是他的囊中之物。

纽厄尔的导师是博弈论领域的"大牛"莫根施特恩（Oskar Morgenstern）。他和司马贺都代表人工智能符号派，他们将其哲学思路命名为"物理符号系统假说"。这个思想与英美的经验主义哲学传统接近。简单说来就是：最原始的符号对应于物理客体，所谓智能就是将物体转化为符号。司马贺和纽厄尔虽然是师生关系，但在学术上也是亲密无间的搭档。卡内基梅隆大学计算机系的奠基者——阿兰·珀里思（Alan Perlis），也是第一届图灵奖获得者，从此该系也成为计算机学科的重镇。

大名鼎鼎的信息论创始人克劳德·香农也在此次会议的参与者名单中。香农在战时也曾参与破解密码的工作，早在1943年时就同图灵会晤过。然而，虽然他受到麦卡锡的邀请参会，但他们两个的观点其实并不一致，平时的相处也并不和睦。这些错综复杂的关系表明，这次会议可不是一派平和的交流会，其中充满实打实的观点碰撞。

遗珠：隐藏的"大人物"

在这次会上，除了如今如雷贯耳的业内大拿们，也有一些参会者显得有些"小众"，但是他们在人工智能领域的成绩不容忽视。

在众多参会者之中，塞弗里奇（Oliver Selfridge）的名声现在不太响亮，实际上他算得上是真正的人工智能学科先驱。他在模式识别领域是开山鼻祖式的人物，第一个可工作的AI程序也是由他书写的。著名的MIT计算机科学实验室和人工智能实验室的前身就是由塞弗里奇在麻省理工学院参与领导的MAC的项目。鲜为人知的是，塞弗里奇的祖父创办了英国第二大百货店。塞弗里奇虽出身豪门，但他却醉心于计算机科学。

另一位被后人忽视的参会者是所罗门诺夫（Ray Solomonoff）。提到他就不得不提现在炙手可热的未来学家雷·库兹韦尔（Ray Kurzweil），库兹韦尔凭借"奇点"的观点收获拥趸无数，并著有《奇点临近》一书，谷歌和美国宇航局还合作开办了一所奇点大学（Singularity University，简称SU）。这所大学设在硅谷的美国宇航局埃姆斯研究中心内，战略地位不言而喻。这所新兴崛起的大学致力于培养未来科学家，申请入校难度非常之大。然而，"奇点"这一观点就来源于所罗门诺夫的"无限点"观点。所罗门诺夫对AI中被广泛运用的贝叶斯理论也有开创性贡献。

在后人看来，这次会议可谓群星闪耀，而在当时，这些人不过是刚刚显现的新星。在会议筹办之初，组织者和与会者们也并没有料到其将成为人工智能发展史上的一座里程碑。

追溯：缘何相聚达特茅斯？

由于美国教授都只能领九个月工资，1955年夏天，麦卡锡为了挣钱到IBM打短工。纳撒尼尔·罗切斯特作为IBM第一代通用机701的主设计师，恰巧是他的老板，而且纳撒尼尔·罗切斯特对神经网络非常有兴趣。麦卡锡和罗切斯特一拍即合，决定第二年夏天即1956年在达特茅斯学院举办一次活动。

筹办会议首先要寻找资金支持，麦卡锡和罗切斯特说动了香农和明斯基一起给洛克菲勒基金会写了一份项目建议书，希望得到资助。这份建议书罗列了他们计划研究的自动计算机、编程语言、神经网络等七个领域。

麦卡锡给这次活动取名为"达特茅斯人工智能夏季研讨会"，这一用词在当时看来十分别出心裁。现在我们对之已司空见惯，而在20世纪50年代大家对"人工"一词并没取得完全的共识，"人工智能"一词真正取得学界的广泛认可是在1965年。由此，麦卡锡也被认为是发明了"人工智能"一词。

意外：达特茅斯没有神话

尽管有诸多的参与者和显赫的名声，事实上达特茅斯会议并没有取得显赫的成果，这次会议中也没有严格规定的议题和要讨论的问题，因为在人工智能方兴之时，大家对很多问题都没有共识。

会议由明斯基和麦卡锡发起，他们的初衷是创立一门新学科。但原计划两个月的闭门研讨，并没有让与会者们全身心投入进去，实际上鲜少有人在达特茅斯待满两周。即使是重要参与者如纽厄尔后来都回忆说，达特茅斯会议对他和司马贺的研究并没有产生什么影响。

1956年9月，在美国无线电工程师协会（即IRE）信息论年会上，麦卡锡受邀对达特茅斯会议作一个报告，报告公布了纽厄尔和司马贺一款名为"逻辑理论家"的程序，这个程序可以用于证明怀特海和罗素《数学原理》中命题逻辑部分的一个很大子集。因此，最后关于达特茅斯会议的总结是由纽厄尔和司马贺介绍他们的"逻辑理论家"并发表一篇题为《逻辑理论机》的文章。这篇文章是AI历史上最重要的文章之一，"逻辑理论家"也是第一个可工作的AI程序。

同在IRE的信息年会上，心理学家乔治·米勒（George Miller）也发表《人类记忆和对信息的储存》一文。诺姆·乔姆斯基（Noam Chomsky）则发表了论文《语言描述的三种模型》。

虽然如今我们将达特茅斯会议作为人工智能的起源，但是从参与者和会议成果的角度看，1956年的IRE信息论年会更重要，影响也更深远。明斯基后来回忆到，达特茅斯会议期间，他曾在纸上画了一个几何定理证明器的设计图，并手动证明了等腰三角形的某一个定理。信息年会后IBM就招募了刚毕业的物理博士格兰特（Herb Gelernter）来实现明斯基的几何定理证明器构想。

乔姆斯基晚年和物理学家克劳斯对话时被问及"机器可以思维吗？"，这个问题图灵也被问到过。乔姆斯基套用计算机科学家戴客斯特拉（Dijkstra）的说法反问："潜艇会游泳吗？"（图5）

乔姆斯基认为"意识"是相对简单的，而"前意识"

（preconsciousness）是困难的问题。他把AI分成工程的和科学的两类。工程的一面，如自动驾驶车等，能做出对人类有用的东西；科学的一面，他引用图灵的话：这问题too meaningless to deserve discussion（没有讨论的意义）。

图5　机器人拥有思维吗？

其实，达特茅斯会议的地位之所以被捧得如此之高，很重要的原因是它的影响力源远流长。参会者们后来都成为AI发展中的中流砥柱，并且在不断地激发新的创造力，由此才使得这次会议被视为AI兴起之源。2006年，达特茅斯会议五十周年,十位当时的与会者在世的只剩五位：摩尔、麦卡锡、明斯基、所罗门诺夫和塞弗里奇，他们在达特茅斯团聚，追忆往昔，展望未来。

结语：达特茅斯会议的真正意义？

虽然达特茅斯会议本身没有产生什么了不起的思想。但是，它的意义超过十个图灵奖，因为它提出了问题。好几个以后非常热门的研究领域的研究工作，包括人工智能和机器学习的探索研究，就始于那次会议之后。

哲学家丹尼尔·丹尼特（Daniel Dennett）曾说：AI就是哲学。哲学是科学之母，但一旦问题确定，科学就分离出来成为独立的学科。如同AI，它衍生诸多问题，而在解决这些问题的过程中会产生许多子学科，一旦这些子学科能够独立，就没人再去关心AI了。

现在计算机科学已成为成熟的学科，每一个计算机系都大致有三拨人：理论、系统和AI方面这样三拨。AI如今成为一个热词，但我们不能忘记的是，AI人曾经是被压迫者。

三起两落潮水平

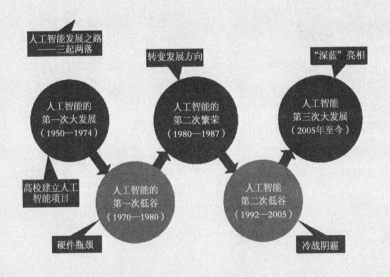

人工智能发展之路
——三起两落

转变发展方向

"深蓝"亮相

人工智能的
第一次大发展
（1950—1974）

人工智能的
第二次繁荣
（1980—1987）

人工智能
第三次大发展
（2005年至今）

高校建立人工
智能项目

人工智能的
第一次低谷
（1970—1980）

人工智能
第二次低谷
（1992—2005）

硬件瓶颈

冷战阴霾

1997年，在与卡斯帕罗夫的最后一局对弈中胜出之后，传奇的国际象棋电脑"深蓝"退役。二十年之后，在一场围棋比赛中，人工智能棋手AlphaGo战胜人类最强棋手柯洁。不同于它的前辈"深蓝"坎坷的战绩，AlphaGo几乎是所向披靡。在这二十年里，当我们已经适应互联网给人类带来的巨大而深刻的变化时，人工智能又将人类拉入新纪元。

虽然如今人工智能炙手可热，但它的发展之路从来都不是一帆风顺的。相反，它历经数次的巅峰与低谷（图6）。虽然当下人工智能又一次迎来它的黄金期，但以史为鉴，

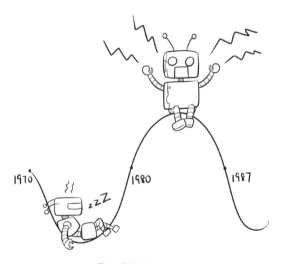

图6　起起伏伏发展路

人工智能3.0：大智若愚

我们发现正是达特茅斯会议之后的起起落落，最终沉淀下助推人工智能大发展的动力。

开端：人工智能的第一次大发展（1950—1974年）

"二十年内，机器将能完成人能做到的一切工作"！这样乐观的预言在达特茅斯会议闭幕之后的十几年里甚嚣尘上。

1952 年，IBM科学家亚瑟·塞缪尔（Arthur Samuel）开发了一个"智能"的跳棋程序。这个程序能够通过观察棋子当前的位置，学习棋盘隐含的模型，从而进行下一步行动。塞缪尔还发现，伴随着游戏程序运行时间的增加，其后续指导能够越来越好。因为这个程序，此前关于机器无法超越人类、像人类一样写代码和学习的观点被驳倒了。因此，塞缪尔创造了"机器学习"一词，并将其定义为"可以提供计算机能力而无需显式编程的研究领域"。

1957年，弗兰克·罗森布拉特（Frank Rosenblatt）基于神经感知科学提出了第二模型，这一模型与今天的机器学习模型十分类似。基于这个模型，罗森布拉特设计出了感知机（the perceptron）——第一个计算机神经网络，它能模拟人脑的运作方式。1967年，最近邻算法（The nearest neighbor algorithm）诞生，由此，计算机可以进行简单的模式识别。

在这段大发展的期间内，计算机被广泛用来解决数学问题，甚至被用来学习和使用英语。

　　随着人工智能技术的前景一片大好，来自美国ARPA（国防高等研究计划署）等政府机构的大笔资金也相继注入麻省理工学院、卡内基梅隆大学、斯坦福大学、爱丁堡大学的人工智能项目中。然而事与愿违，大量的资金投入却并没有取得与之相当的成果，乐观的预言全部落空。

停滞：人工智能的第一次低谷（1970—1980年）

　　从20世纪60年代中期到20世纪70年代末，机器学习的进展几乎停滞不前。虽然这个时期仍然有一些进展，如结构学习系统和归纳学习系统的产生，但这些所谓的成果只停留在概念层面，未能投入到实际应用中。雪上加霜的是，神经网络学习机也存在理论缺陷，未能达到预期效果，研究一度转入低潮。

　　这个时期人工智能的研究目标是，模拟人类的学习过程，并在机器内部使之转化为能够理解的逻辑结构。但是因为无法转化成实用的成果，来自政府的经费被大规模削减。

　　首先是1968年，美国参议院多数党领袖曼斯菲尔德（Mike Mansfield）对"先进研究项目局"（ARPA）的资助提出异议，因为AI的成果无法运用于军事，他认为这类项目应该由美国国家科学基金会NSF负责，国防部的钱不能被用于军事目的之外的研究领域。到了70年代初期，海尔梅尔（George Heilmeirer）在任期内以AI不能制造武器用于战争为由，大规模削减了对AI的经费资助。

实际上这个时期整个AI领域都遭遇了瓶颈。最根本的症结在于硬件无法满足运算需求，当时的计算机内存有限，处理速度不足，所以无法有效解决实际的AI问题。当时的研究者们的设想是计算机程序对这个世界具有相当于儿童水平的认识，但他们很快就发现这个要求太高了：即使是一个儿童的大脑内也存储着庞大的数据，在1970年，没有人能够做出如此巨大的数据库。另外，儿童也是具有学习能力的，他们能够不断地丰富自己的数据库，然而对于程序来说，没人能让一个程序自主学到丰富的信息。

实际上这一时期的这些挫折源于人工智能研究者们对项目难度评估不足，这除了导致向投资者的承诺无法兑现外，还严重打击了人们对AI的乐观期望。到了20世纪70年代，人工智能开始频繁遭遇批评，来自政府和公司的研究经费也被转移到那些有期望实现的特定项目上。在这个困难重重的时期，计算机硬件性能遭遇瓶颈、人类的能力跟不上计算复杂性的增长速度、缺乏大量的数据样本。这些问题看上去好像永远找不到答案。以机器视觉功能为例，在那时就无法找到一个足够大的数据库来支撑程序去学习。

压垮骆驼的最后一根稻草来自人工智能的先驱明斯基。1968年，他在《语义信息处理》一书中分析了所谓人工智能的局限性，并给出结论："目前"（1968年）的方法无法让计算机真正有类似于人的智能。这一业界大拿的唱衰引起了大规模的连锁反应。美国政府给人工智能断粮，一下子拿掉了用于人工智能研究的绝大部分经费，此后十余年左右时间里，全世界的人工智能研究都处于低谷。

复苏：人工智能的第二次繁荣（1980—1987年）

这一时期，人工智能领域是专家系统和人工神经网络的天下。专家系统可以解释为一个智能计算机程序系统。它就像一位人类的专家，系统内含有大量的相当于某个领域专家水平的知识与经验，针对某个特定领域的问题，能够利用人类专家的知识来处理问题。

早在20世纪60年代，后来的图灵奖获得者爱德华·费根鲍姆（Edward Albert Feigenbaum）就通过实验和研究，证明了实现智能的要义在于知识。同时，也是他最早倡导"知识工程"（knowledge engineering），并开始了对专家系统的早期研究，由此爱德华·费根鲍姆也被称为"专家系统之父"。

经过二十多年的发展，卡内基梅隆大学的约翰·麦克德莫特（John P. McDermott）在1978年用OPS5开发了XCON专家系统。XCON专家系统最初被用于DEC位于新罕布什尔州萨利姆的工厂。据统计，通过减少技师出错、加速组装流程和增加客户满意度，它每年能为DEC节省2 500万美元。能看到经济效益的发明总是受人欢迎的，XCON的成功激发了工业领域对人工智能尤其是专家系统的热情。

科学家们认为，专家系统具有的实用性在某些程度上改变了人工智能的发展方向。人工智能不再是实验室的玩具，而是转变为能够通过智能系统来解决实际生活中问题的工具。这种实用性的增加虽然与当初创立人工智能的初衷不完全一致，却也为人工智能的生存指明了道路。由于其实用性的大大增强，才能吸引大量的关注和投资，并由此走出低谷。

与此同时，人工神经网络的发展也如火如荼。人工神经网络某种程度上可以被理解为仿生学，也常直接被简称为神经网络或类神经网络。在概念上它是指计算机从信息处理角度对人脑的神经元网络进行模拟和抽象，建立某种简单的模型，以不同的连接方式组成不同的网络。实际上人工神经网络是一种运算模型，它内部包含大量的节点，节点相互连接。在算法中，每个节点都表示一个输出函数，每两个节点间的连接就代表加权值，就相当于人工神经网络的记忆。

神经网络的发展史非常长，早在1943年，心理学家麦克洛奇（W. S. McCulloch）和数理逻辑学家皮特（W. Pitts）就开创了人工神经网络的研究时代，他们建立了神经网络的数学模型，被称为MP模型。

到了20世纪60年代，人工神经网络的研究进一步发展，科学家们提出了更加严谨的神经网络模型。即使是在20世纪70年代，人工神经网络转入低潮期，这一领域的研究者们仍然没有放弃，他们提出了认知机网络等重要的概念，同时进行了神经网络数学理论的研究。

到了1982年，约翰·霍普菲尔德（John Hopfield）引入了"计算能量"的概念，基于他在加州理工担任生物物理教授期间的研究，其提出了一种新的神经网络概念，后来被命名为霍普菲尔德网络，它可以用来解决大类模式识别的问题。1984年，约翰·霍普菲尔德又提出了连续时间Hopfield神经网络模型，成为神经计算机研究领域的开拓者，自此，神经网络在联想记忆和优化计算方面获得了新的发展途径，这也进一步推进了神经网络的研究。

1986年，大卫·鲁梅尔哈特（David Rummelhart）、杰弗里·辛顿（Jeffrey Hinton）、罗纳德·威廉姆斯（Ronald Williams）联合发表了一篇论文:《通过误差反向传播学习表示》，他们通过实验确定反向传播算法能够运用于神经网络的训练之中。这是一个具有里程碑意义的发现，推动了神经网络研究的发展。

在20世纪80年代，"神经网络"就像此后90年代的互联网和眼下的"大数据"一样，每个人都想对其一亲芳泽。1993年，《神经网络会刊》创刊，目的在于为神经网络领域的高质量文章提供出版渠道，这是由美国电气电子工程师学会（IEEE）主办的。

资金支持随之而来，美国国防部和海军等也纷纷加大对神经网络研究的资助力度。神经网络一时风头无限。然而后来的互联网掩盖了神经网络在20世纪80年代的光芒。但是，80年代互联网的发展也给了神经网络更大的机会。这几年计算机科学的明星——"深度学习"与神经网络就有着诸多相似之处，两者密不可分。所谓深度学习，就是用多层神经元构成神经网络达到机器学习的功能。而神经网络也是由一层一层的神经元构成的。

时至今日，世界各大发达国家仍旧十分重视人工神经网络的研究。

同时，人工智能领域也有了亚洲国家——日本的身影。日本从1981年开始研发人工智能计算机，它的开创之举就是大量撒钱。第二年，日本经济产业省斥资8.5亿美元，用以研发人工智能计算机。这之后，英国、美国纷纷效仿，开始向信息技术领域注入大量资金。

危机：人工智能第二次低谷（1992—2005年）

繁荣背后一定隐藏着危机，对人工智能的大规模注资并不是慈善家们的善款，更何况很多还是来源于政府的预算。政府期待的是一分投入一分产出，基于对于人工智能强大能量的预期，期待更高的回报也是无可厚非的。

然而现实却是，专家系统虽然实用，但是用处仅仅局限于某些特定的情景，带来的产出并没有那么理想。日本斥巨资投入的项目也未达到预期。随着PC的普及，大型的计算机开始逐步淡出人们的视野。加之20世纪90年代初经济不景气，日本的经济持续下滑。1992年，日本确实生产出了"第五代计算机"，但它的核心能力却不达标，并且与主流需求相差甚远，所以最终宣告失败。人工智能仿佛是一块贫瘠的土地，投入成本巨大，却长不出丰硕的果实，维护成本也极其高昂。

经历过这次预算削减的科学家们将这一时期称为"人

工智能的冬天"，冬天缺少阳光而大地封冻。对于耗资巨大的计算机科学来说，资金就是阳光，整个社会的唱衰无疑使将整个行业遭到封冻。

爆发：人工智能第三次大发展（2005年至今）

冬天已经来临，春天还会远吗？那些处在冬天的科学家们并没有放弃自己的研究，在等待着一次厚积薄发。

从某种意义上说，2005年可以算作大数据元年。4月，Google的机器翻译首次在由美国国家标准与技术研究所（National Institute of Standards and Technologies）主持的测评和交流中，就远远超越其他研究团队。2006年，加拿大多伦多大学教授杰弗里·辛顿在《科学》杂志上发表了关于深度学习的文章，神经网络又引起了大家的关注。2008年，谷歌推出了一款预测流感的产品。这款产品根据某些搜索字词进行汇总，可以近乎实时地对全球当前的流感疫情进行估测。

随后，人工智能程序在挑战人类的道路上一骑绝尘。2011年，人工智能程序Watson（沃森）参加了美国的智力问答电视节目，最终击败两个人类冠军，赢得了100万美元的奖金。当然，所获得的奖金被其开发公司IBM收入囊中。

图灵曾说过，机器的智能是对人类的模仿游戏，如今它们在模仿人脑的征途上不断突破。2012年，加拿大神经学家团队创造出了升级版人工大脑"Spaun"——一个配有

250万个模拟人类大脑的"神经元"、具备一些简单认知能力的虚拟大脑，"Spaun"还通过了最基本的人类智商测试。

在这个人工智能发展之春，各大科技巨头趁此东风纷纷进入角逐场。在深度学习领域，Facebook成立了人工智能实验室；Google收购了语音和图像识别公司DNNResearch，推广深度学习平台；剑桥大学建立了人工智能研究所……

在这次人工智能发展的大浪潮中，已不再仅仅是美国这一超级玩家在玩独角戏了，各国都纷纷参与到这次人工智能的狂欢之中。中国作为崛起中的大国，自然也不甘落后，例如百度创立了深度学习研究院，其他互联网巨头也都在神经网络、无人驾驶等领域崭露头角。

在"深蓝"战胜卡斯帕罗夫将近20年后，谷歌公司开发的AlphaGo在2016年战胜了围棋世界冠军李世石。这一次人机对弈让人工智能变得更加炙手可热，人工智能也不再是科技圈的游戏。此后，AlphaGo又战胜了目前代表人类围棋手最高水准的柯洁，这一次，人工智能的威力震撼了所有人（图7）。有人开始忧惧人工智能的强大，而更多的人则感到兴奋。整个社会都开始加入到这一狂欢之中，随之而来的是整个人工智能市场的新一轮爆发。

结语：保持清醒，无惧变革

从达特茅斯会议上AI的正式诞生，到后续的起起落落，如今，人工智能已经迎来了茁壮成长的夏天。人工智能在

图7　当AI战胜人类

经历了它的高山低谷之后，在21世纪又将迎来它的大发展。未来将会是什么样的图景，我们无法准确预测，但可以肯定的是，人工智能将会深刻改变我们的生活。

4

纵横江湖之五大流派

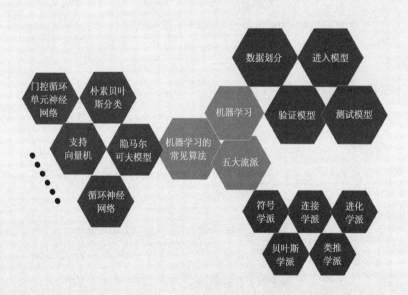

人工智能在数十年的发展中逐渐形成独特的研究领域。人工智能的研究对象，也从20世纪50年代的"逻辑推理"，发展到专家系统，再到现如今火热的机器学习。在机器学习迅猛发展的时代，有五大流派熠熠闪光。它们的理念不尽相同，算法也大相径庭，但唯一相同的是，五大流派如同最耀眼的明星，吸引着无数学者去探索、研究。

主流：机器学习

20世纪50年代，人工智能的研究集中在"逻辑推理"领域。当时，人们认为只要赋予机器逻辑推理能力，机器就能够获得智能。

逻辑推理的研究成果集中在数学定理的证明上。著名推理程序"逻辑理论家"，在1963年将罗素与怀特海编写的《数学原理》中的52条定理全部予以证明。1962年，前面提及的阿瑟·萨缪尔设计的跳棋程序战胜了美国一个州的相关比赛冠军。飞速的发展冲昏了人工智能科学家的头脑。他们甚至认为，依照这样的速度发展，人工智能将在2000年超过人类智能。

但是，随着研究的不断深入，历史和人工智能科学家们开了一个很大的玩笑。在数学定理证明上，机器在数十万步推演后，仍然不能证明"两个连续函数之和，仍是连续函数"；在机器翻译领域，更大的危机出现了。当人们用机器对人类语言进行翻译时，机器的表现极为差劲，翻译的结果也驴唇不对马嘴。越来越多的不利证据迫使政府削减该方面的经费支出，人工智能的寒冬就这样到来了。

寒冬之下的人工智能科学家们痛定思痛，开始思考人工智能新的发展方向。爱德华·费根鲍姆站了出来。他高举"知识"的大旗，通过反思人类求解过程，将"知识"的逻辑引入机器，在1968年建立了第一个专家系统DENDRAL。

所谓的专家系统，就是利用计算机化的知识进行自动推理，通过在各个领域建立专家知识库来完成推理和决策。根据质谱仪的数据，DENDRAL能够推导出物质的分子结构。此后，各式各样的专家系统如雨后春笋般出现。费根鲍姆也凭此获得1994年的图灵奖。

但是，科学家们很快厌烦了大量的知识输入。这些工作不仅需要大量的人工输入，更重要的是，知识的获取，需要人类提前学习。知识获取的瓶颈，将原本处于边缘的机器学习拉入人们的视野。

简单而言，机器学习就是机器自己学习，即机器通过分析大量数据来进行学习。具体来说，机器学习可以分以下几个步骤：首先，人类选择数据并将数据分成三个部分，即训练数据、验证数据和测试数据；其次，通过模型数据阶段，利用训练数据来构建模型；然后，验证模型，将验

I am thinking...

图8 当机器拥有思考的能力……

证数据接入模型中，进而测试模型，用数据检查模型的表现。

按照上述步骤，一旦测试结果良好，就可以将新数据代入已经训练好的模型进行预测。通过使用更多的数据，可以不断调优模型来提升算法性能。总之，机器学习就是要将数据资料转化为演算法，通过将数据运用于具体场景来发挥数据的效用（图8）。

支流：常见算法

机器学习的本质，是通过构建算法分析具体情境下的数据。因此，针对不同情境，算法的选择就显得十分重要。

最常见的算法是决策树（decision tree）。典型的决策树以信息论为基础，并以信息熵的最小化为目标，从而模拟人类对概念进行判定的树形流程。决策树擅长对人、地点、事物的一系列不同特质进行评估。它的应用主要是在基于规则的信用评估、赛马结果预测等场景中。

在新闻识别、手写识别领域，支持向量机（support vector machine）被大量使用。它擅长分析变量X与其他变量。

无论其关系是否是线性的，都可以在变量 X 与其他变量之间进行二元分类操作。

如果想要勾画出因变量与一个或其他因变量的状态关系，可以采用回归算法（regression）。回归算法可用于识别变量之间的连续关系，在实践中，被用于路面交通流量分析、邮件过滤等。

在进行消费者分类、情感分析时，可以使用朴素贝叶斯分类。朴素贝叶斯分类对于在小数据集上有显著特征的相关对象，可对其进行快速分类。

在处理大数据、复杂分类任务时，卷积神经网络（convolutional neural network）就变得十分有用。它的用处十分广泛，可用于如图像识别、文本转语音、药物发现等重要领域。

除了上述这些算法，可以运用的还有隐马尔可夫模型、随机森林、循环神经网络、长短期记忆与门控循环单元神经网络等。

不同算法针对的是不同的情境。在实际运用时，算法模型的选择在很大程度上取决于可用数据的性质、数量，以及具体情境下的训练目标。在具体操作时，要具体问题具体分析，而不是盲目使用复杂的算法。

分支：五大流派

机器学习的历史，最早可以追溯到20世纪50年代初。

在半个多世纪的发展中，机器学习也出现五个分支。不同的分支针对特定的问题，基于其相关领域的科学概念，寻找一个适合的解决方案。

符号学派

符号学派作为传统人工智能的研究路径，其核心要义用一句话概括就是"大道至简"。符号学派的代表人物是约翰·麦卡锡。他在《什么是人工智能》一文中，为大家阐明了符号学派理解的人工智能。他认为，智能属于一种特殊的软件，与其硬件基础并没有太大的关系。

符号学派认为所有的智慧可以被简化成操作符号，就像数学家求解方程式的过程，是用其他表达式来替换原先的表达式的方法。

纽厄尔和司马贺在总结符号学派的观点时，将其概括为"物理符号系统假说"。他们认为，任何能够将物理的某些模式或符号进行操作并转化为另外一些模式或符号的系统，都有可能促使智能行为的产生。

20世纪80年代以后，符号学派的发展已经大不如前，机器学习的武林霸主很快就转移到其他学派了。

连接学派

连接学派的一个别称是类神经网络学派。连接学派的观点认为，人类的大脑在不断学习，所以我们需要做的，就是对大脑进行反向工程。他们认为，高智能行为是从大量神经网络的连接中自然出现的。

连接学派的发展可谓是波澜不断。最早研究神经网络的专家可以追溯到计算机发明以前。

传统的神经网络理论被称为感知机理论。形象地看，感知机模型可以被视为一个水管网络，通过学习算法，可以控制输入"水池"的水量大小。在早期神经网络研究中，这些研究人员认为，只要明确了我们想要的输入和输出之间的关系，就可以通过电脑的学习解决其中的许多问题。

但是，在1969年，马文·明斯基通过理论分析指出了这一理论的致命弱点。他认为，感知机并非万能，甚至连判断一个两位的二进制数是否仅包含0或者1都无法完成。

在当时不算主流的连接学派，几乎被这一论证打入谷底。1974年，杰弗里·辛顿的理论挽救了连接学派。辛顿将多个感知机连成分层网络，通过反向传播算法（back propagation），有效解决了多层网络的训练问题。在他之后，多个不同的神经网络模型被提出。各式各样的神经网络令连接学派异军突起，名声大噪。

进化学派

进化学派的灵感来源于达尔文的生物学著作《物种起源》。他们信奉物竞天择，认为如果人类的进化是物竞天择的结果，那机器学习同样可以模拟进化的过程来不断改进。进化学派所解决的关键性问题就是学习的结构，认为其不仅仅是调整参数，而且是创建一种能够对结构进行微调的大脑。

进化学派的科学家们在研究时，并没有把目光聚焦于具有高级智能的人类，而是将注意力转移到昆虫身上。不具备高级智能的昆虫，也可以进行复杂的行为、具备非凡的智能。

从小虫子入手的进化学派研究者们，取得了巨大的进展。他们采用的算法是遗传程式规划（genetic programming）。就像大自然生物会交配与演化一样，遗传程式规划也会以相同的方式繁衍与演化电脑程式系统。

在机器昆虫、进化计算、人工生命等领域，进化学派取得了巨大进展。但是，几十年时间过去了，他们对人工生命的研究仍然停留在小虫子身上，对人类高智能的研究没有很多进展。

贝叶斯学派

在2000年之后，人工智能出现了重大分化。原本属于人工智能的领域，被大量分化为具体的应用学科，人工智能面临分崩离析的危机。但是就是在这样的背景下，少数研究人员却逆流而上，试图重新架构这一模式。他们就是贝叶斯学派的代表人物乔希·特南鲍姆（Josh Tenenbaum）和达芙妮·科勒（Daphne Koller）。

他们的理论建立在对"概率"这一古老定义的重新认识上，而这样的认识来源于18世纪的一位牧师——托马斯·贝叶斯（Thomas Bayes）。贝叶斯认为，概率是一种主观的测度，而不是客观的度量。事件的概率是一种主观信念。

在这样的基础上，贝叶斯学派最关注的课题是不确定性。他们主张所有学到的知识都是不确定的，而学习本身就是一种不确定的推理形式。

通过贝叶斯定理及其衍生物，他们采用概率推理的方式来处理不完整、相互矛盾的信息。在大数据时代，贝叶斯方法所需的信息唾手可得，而贝叶斯网络也成为人们关注的焦点。

类推学派

类推学派认为，学习的关键是找到不同情况的相似处，通过已知的相似性模拟推理其他情境的相似之处。因此，问题的关键就在于判断两件事情之间如何相似。

类推学派的主要演算法就是支持向量机，它可以找出哪些经验是需要记住的，以及如何结合这些经验做出新的预测。

结语：探究"终极算法"

机器学习的每一个学派针对它们关注的核心问题，都提出了相对应的解决方案，当然并不是所有的学派都进展得十分顺利。科学家们想要找到一个可以解决所有问题的方案——终极算法。在寻找终极算法的过程中，必须解决每个学派遇到的问题。虽然目前我们还没有找到这样一个全能的算法，但是这个目标吸引了无数的人工智能科学家们前赴后继。

5

机器学习三巨头

AI江湖三巨头

辛顿

辛顿开辟了"深度学习"这个子领域，让计算机从一个用来计算的工具变成有可能拥有智慧的个体，被称为"人工智能教父""深度学习鼻祖"。

本吉奥

众所周知，AlphaGo是谷歌DeepMind团队开发的项目，运用卷积神经网络对围棋棋盘进行分析并决定落子位置，而这一重大发明的鼻祖就是杨立坤。

杨立坤

本吉奥作为微软邀请的战略顾问，就像是位深度学习领域的思想家，想着怎么推动深度学习这个领域更好更快地发展。

2017年10月12日，在蒙特利尔深度学习峰会上，"AI三巨头"杰弗里·辛顿、杨立坤（Yann LeCun）和约书亚·本吉奥（Yoshua Bengio）同框相聚，来自麦吉尔大学的乔爱尔·皮诺教授（Joelle Pineau）主持了这场殿堂级别的讨论。她首先请三位大神分别介绍站在自己旁边的人，这是非常有趣的开场。

本吉奥率先开了头，他说："这是杨立坤，我在读硕士期间遇到他……后来杨邀请我和他一起工作，我们就开始卷积神经网络的研究，直到今天这仍然是个热门课题！"

接着，由杨立坤介绍辛顿，杨说："我也来回顾一下历史，我还是本科生时，开始研究神经网络……当时，看到一篇名为《优化感知推理》（Optimal Perceptual Inference）的文章，辛顿是作者之一。我读了这篇论文，知道我必须要见见他。"

最后轮到辛顿，他开玩笑说，他或许是本吉奥论文的导师，但他实际上已经记不清了。他继续说："那篇文章十分成功，为语音识别领域成功运用神经网络学习技术打下坚实的理论基础，如今，人工智能领域发展得非常快，我现在已经跟不上本吉奥的节奏了！他每个星期都有好几篇arXiv（证明论文原创性的文档收录站）论文出来……"

哲学家：深度学习领域的杰弗里·辛顿

对于很多想要踏入人工智能领域的年轻人来说，杰弗里·辛顿教授是一个传奇人物，他被称为"人工智能教父"和"深度学习鼻祖"。人工智能第三次的强势回归，就与他的聪明才智密不可分。那些见过辛顿本人的人称，辛顿教授是一位标准的英国学院派人物。

作为机器学习的先锋，辛顿开辟了"深度学习"这个全新的子领域，使得计算机从一个简单的计算工具，变成了一个有可能拥有智慧的个体。多年以来，辛顿一直坚持着一个朴素的观点：计算机可以像人类一样思考，这个过程依靠直觉而不是规则。

得益于近年来计算机领域的爆炸式发展，深度学习算法已经成为人工智能领域的主流方法。在生活中，我们也越来越离不开深度学习产品带来的科技便利，从智能手机里的语音识别、人脸识别，到网站为浏览者量身定制的个性推荐，无一不是深度学习的具体应用。

如同近年来人工智能领域的跨越式发展一样，辛顿本人的教育经历也十分具有传奇色彩。起初，辛顿进入了克里夫顿学院（Clifton College），虽然他不太瞧得上这所学校的学术氛围，但却在这里结识了一位朋友。这位朋友给他讲的三维成像（全息图）和人脑记忆存储方式，恰恰成为他敲开 AI 认知大门的敲门砖。

毕业后，辛顿选择进入剑桥大学国王学院进一步深造，攻读物理和化学，但只读了一个月就退学了。按照他的说法是觉得功课繁重没有兴趣，这看起来似乎不像是一个"好学生"能说出口的理由。一年之后，他再次重新申请国王学院的建筑学专业，这次他只坚持了一天便退学了。然后他转向了物理和生理学，后来又转到了哲学，结果因为和自己的导师发生争执，辛顿再次退学。

不同于比尔·盖茨退学回家创业，辛顿退学后成了一名木匠，迁居到当时伦敦北部脏乱的伊斯灵顿区。他本人提及这段经历时，也承认自己有一种教育上的"多动症"。但是，在做木匠的这段时间，他每周都会去埃塞克斯路上的伊斯灵顿图书馆，阅读大量有关大脑工作原理的书籍，并在笔记本上记录关于此的思考。

1973年，辛顿进入爱丁堡大学，开始攻读人工智能博士学位。在当时，神经网络的研究在人工智能的讨论中处于无人问津的地位，但是辛顿并没有随波逐流，放弃对神经网络的钻研。

结束学业后，辛顿入职匹兹堡的卡耐基梅隆大学，在那里他继续自己的研究。但是，紧接着，他意识到一个十分严峻的问题，美国国防部资助着全美绝大部分的AI研究，这当然也包括辛顿所在的院系。其实，与其说是资助不如说是间接控制，他不想让技术和军事扯上关系，为了远离军事机构的资助，他索性辞掉了美国的工作，搬到加拿大定居。

对于人工智能和军事的关系，辛顿一直绷着自己的神

人工智能3.0：大智若愚

经，可能有爱因斯坦和原子弹的先例在前。对于辛顿来说，他最担心的不是机器智能的日益增长最终导致人类的被统治或者死亡，而是人类智能对机器智能的恶意开发带来的自我毁灭，如"杀手"机器人的开发。他还透露自己曾拒绝了一份加拿大安全部门的工作邀约，因为担心研究成果可能会被安全部门滥用以监视公众。可即便如此，辛顿仍然对AI的研究抱有极大的热情，他也相信未来人工智能将在医疗保健和教育领域发挥更大的作用。

机器学习在辛顿和其他同事们的努力下释放出了无限的发展潜力，因此，他们也被业界对手戏称为"加拿大黑手党"。

2009年，辛顿和他的两个研究生获得了语音识别竞赛的胜利。他们将神经网络成功应用于声学建模中，随后，这项基于神经网络的小词汇量连续语音识别方法被应用在谷歌、安卓手机上。

2012年，辛顿获得了有"加拿大诺贝尔奖"之称的国家最高科学奖——加拿大基廉奖（Killam Prizes）。2013年，辛顿加入了谷歌AI团队，成功将神经网络带入应用一线，并把他的成名作——反向传播算法（back propagation）应用到神经网络与深度学习中。至此，深度学习已经摆脱了被打入"冷宫"的命运，从边缘课题跃升为AI界的宠儿，掀起了一轮又一轮争夺技术制高点的热潮。

最近，辛顿解释了他和两位谷歌工程师的最新突破：胶囊网络（capsule）。相比传统神经网络，capsule可以做到让识别更快且更为精准。基于神经网络的深度学习依靠庞大数据量的输入，确认一个物体需要有不同角度的数据支撑，这要花费相当长的时间。而capsule能够凭借人造神经元组成的层，跟踪对象各个部分之间的关系。这提高了识别的速度和准确度。

　　然而，随着研究的深入，辛顿却做出了让很多人都匪夷所思的决定，他要推翻他的成名作——反向传播算法。理由是，反向传播并不能模拟大脑的工作方式。他在麻省理工学院的一次讲座上说："他相信正是这些不像大脑的东西，导致了人工神经网络的效果不够好。"

图9　无监督学习的过程不需要人类

　　在反向传播中，神经网络内的照片或者声音以标签及权重的形式表现。通过逐层的权重调整，最终让神经网络在执行AI任务时有尽可能少的错误输出。如何才能让神经网络自己变聪明，换句话说，怎样才可以更好地发展"无监督学习"？（图9）辛顿的想法是："我怀疑这意味着摆脱反向传播。"或许就像是人们已经为汽车找到推动着它前进的引擎，现在却要抛掉引擎一样，这样做的目的是找到一种更高级更强大的动力让汽车跑得更快。

实干家：深度学习领域的杨立坤

同样对神经网络不离不弃并作出巨大贡献的还有机器学习三巨头之一的杨立坤，他是辛顿的学生。

当AlphaGo击败世界围棋冠军的时候，人类第一次如此深刻地被机器的智慧震撼。然而，在人工智能大发展的背后，却是一位又一位人工智能专家的脑力游戏。

众所周知，AlphaGo是谷歌DeepMind团队开发的项目，它运用卷积神经网络对围棋棋盘进行分析并决定落子位置，而这一重大发明的鼻祖就是杨立坤。

杨立坤听起来像是一个华裔的名字，然而，实际上他是一个土生土长的法国人。他是法国学界十分引以为豪的科学家，也是为数不多在美国科技巨头公司中担任要职的法国人。在当今世界人工智能领域中，杨立坤被奉为"神一样的人物"，实属当之无愧。

他最广为人知的研究即是"卷积神经网络"。这项成果诞生于1988年，是一种连接神经网络单元的特殊方式，其灵感来自动物和人类的视觉皮层结构。简单来说，"卷积神经网络"就是计算机的眼睛。一开始，它让计算机可以识别手写数字，随着数据训练的不断强化，这种革命性的系统开始从图片像素中识别视觉特征，让计算机可以看懂人类使用的数字、文字和图片，让它们可以从数据中自我学习。目前的面部识别技术就是基于这一项研究的重要成果。

虽然杨立坤教授如今的名气足以撼动整个人工智能学界，但是他在人工智能领域的研究也不是一帆风顺的。

早在20世纪80年代的大学期间，杨立坤偶然发现了自60年代以来几乎没有人探索过的一种人工智能发展途径——"人工神经网络"。它模拟动物神经网络行为特征，由大量的节点和节点之间的互联构建而成。它可以让机器学会完成多种任务。如在机器完成感知任务的过程中，图像信息先由传感器接收，再由系统分解成若干细小的部分，识别其中的模式，最终根据所有的输入数据确定看到的图像信息。

杨立坤在读博期间就提出"人工神经网络"的概念，但当时关于神经网络难以训练、性能不够强大等负面声音铺天盖地，该理论也一度被认为已经过时，他本人甚至被拒绝参加与人工智能相关的学术会议。

然而，这反而更加坚定了杨立坤决定推动这项研究的决心。他始终坚定不移地相信，随着互联网的兴起，人们必须找到把所有纸面上的知识转移到电子世界的办法。这类技术会走回人工智能领域研究的前沿，并且人们会找到在实际生活中应用它们的方法。

这样的信念支撑着杨立坤在贝尔实验室工作了超过20年，在此期间他开发了一套能够识别手写数字的系统，并把它命名为LeNets。杨立坤的LeNets深度学习网络能够理解支票上写的是什么，被普遍应用在全球的ATM机和银行之中。

2003年，杨立坤正式回归。那一年，他成为纽约大学教授，并与辛顿和约书亚·本吉奥结成了非正式的联盟，共同合作研究神经网络。

正是得益于杨立坤和本吉奥在神经网络领域的坚持与突破，计算机视觉在21世纪最初十年内实现了爆炸式增长。在第一阶段，计算机只能识别静态的图像内容；在第二阶段，计算机便可以做到识别视频中的物体；而今天，如果你把相机对准眼前的物品，人工智能便可以告诉你摄像头前方有什么。由此，杨立坤从人工智能领域的边缘人物迅速变为整个行业的领导者。

杨立坤在2013年加入Facebook，在Facebook担任AI研究院FAIR主管。

众所周知，Facebook以其运营的同名社交网络闻名于世。然而，公司创始人兼CEO马克·扎克伯格（Mark Zuckerberg）在AI领域却有着更大的野心，并为此招揽了来自世界各地的人工智能专家，FAIR的成立和杨立坤的加入只不过是他迈出的第一步。

FAIR的目标不是开发出受市场欢迎的产品并借此获利，而是专注于创造与人类具有同等智商的计算机。目前，他们的智能计算机已经可以做到参与《星际争霸》之类的视频游戏、模仿人类艺术家绘制画作。也许在未来的某一天，这些人工智能机器就会出现在你的好友列表中，成为你的知心好友，而你丝毫不知终端的另一边只是一段代码。人工智能正走在越来越智能的路上。

目前，FAIR团队正在尝试教计算机像人类一样预测结果。

正如杨立坤所说："智能的实质在某种程度上是一种预测能力"，而预测就代表着接受不确定性，那么帮助人工智能理解并接受在环境中可能遭受的不确定性将是人工智能研究的一个重要分支，这也就是我们常说的"无监督学习"。假设你可以预测你的行为会产生什么后果，那么就能够作出详细的应对方案，以阻止不好的预期结果发生或者在某种程度上减少这种情况发生的概率。同样，当人工智能观察到足够的知识之后，便可以总结出世界运作的规律，判断接下来会发生什么。由此，它开始像人类一样思考，并可以获得一些生活常识，如阴天打雷出门带伞等。

杨立坤认为，这是使机器更加智能的关键。然而杨立坤也清醒地认识到，目前阶段的人工智能离我们想要实现的目标还有很长一段路要走。

为了达到这一目标，杨立坤还将继续研究对抗性训练，即让两个人工智能系统在相互对抗中更加了解现实世界。例如，在FAIR团队的一个实验中，研究人员先让一个人工智能系统绘制图画，并试图欺骗另外一个人工智能系统，让它误以为该图片是由人类绘制的。紧接着，第一个人工智能系统使用第二个人工智能系统的反馈进行强化学习，制作出足以以假乱真的画作。

杨立坤后来辞去了FAIR主管这一职务，但是他在人工智能领域的研究一直在继续。

人工智能

3.0

：大智若愚

思想家：深度学习领域的约书亚·本吉奥

作为AI领域的三大领头羊公司，谷歌招来了辛顿，Facebook引入了杨立坤，而微软邀请的战略顾问则是约书亚·本吉奥——加拿大最著名的计算机科学家之一，也是机器学习和神经网络顶级杂志的副主编。本吉奥是蒙特利尔大学计算机科学与运筹学专业的教授，同时担任机器学习实验室（MILA）负责人与加拿大统计算法研究学会主席。他的研究目标是理解那些能产生"智力"的机器的学习原理。

如果说辛顿像是深度学习领域的哲学家，为大家指引前行的方向，那么本吉奥就像是深度学习领域的思想家，总是想着如何推动深度学习这个领域更好更快地发展。在2009年的《学习人工智能的深层结构》（*Learning Deep Architectures for AI*）一书中，他讨论了深度结构动机和准则。在2017年的《深度学习》（*Deep Learning*）一书中，他又给大家讲述了深度学习的前世今生，以及深度学习需要的数学基础和当前深度学习的现状。这些都极大地推动了深度学习领域的发展。

关于人工智能，本吉奥认为，智力可以有不同的形式，也可以用在不同的方面。举个例子，一只老鼠在它的环境中是非常聪明的，而如果你或我进入老鼠的头部，试图控制老鼠的肌肉并存活下来，我们可能并不会存活很久。如果你理解他所说的定义，这就意味着，我们可以在一些领域了解很多东西，从而在某些领域非常聪明，但是却可能对另一个领域知之甚少，在其他领域也不那么聪明。

本吉奥的贡献非常多，首先就是他在自然语言处理领域的工作成果，为处理文本序列设计出"循环神经网络"（recurrent neural network, RNN），推动了机器翻译的发展。其次，他还是神经网络复兴的三个主要的发起人之一。本吉奥一篇名为《一种神经概率语言模型》（A Neural Probabilistic Language Model）的文章，开创了神经网络做 language model 的先河。文中的思路启发了之后很多基于神经网络做 NLP 的科研人员，他们文章中提到的方法在工业界也被广泛应用。

本吉奥敏锐地关注到神经科学与深度学习之间的双向关系。一方面，从20世纪50年代开始的人工智能研究潮流实际上是从人脑研究中获得灵感的；另一方面，自从神经网络复兴并且成为主流之后，他认为我们可以把这一过程反转过来，从观察机器学习的角度，为研究大脑带来一些高阶理论解释的灵感。

另外，他在《深度网络的逐层贪婪训练法》（Greedy Layer-Wise Training of Deep Networks）一文中，更系统地扩展和研究了如何以 layer-wise 方法训练深度神经网络，这让大家又重燃了对深度神经网络进行研究的兴趣和信心。现在火热的 TensorFlow 和 PyTorch 等机器学习框架的先行者 Theano，也是本吉奥所负责的 MILA 实验室的产物。

在理解自然语言之外，本吉奥和他的团队把视角投向"推理"这件事本身。近年来，神经网络研究已经转向经典人工智能领域的操作符号、数据结构和图。目前已经有一些模型能够操作诸如栈或者图的数据结构，使用内存去存储和获取类对象，以及按照一种固定的流程去工作。这将会潜在地支撑一些需要整合离散信息的任务，比如对话等等。

本吉奥也表现出了他对无监督学习的兴趣。我们在现实生活中常常会遇到这样的问题：因为缺乏足够的先验知识而难以人工标注类别，或者进行人工类别标注的成本过高。因此，我们希望计算机能代替我们完成这些工作，或者至少提供一些帮助。这种根据类别未知（没有被标记）的训练样本解决模式识别中存在的各种问题的过程，即被称为无监督学习。

得益于大规模的训练，机器学习的进展已经向前推进了一大步，但这种方法不具备扩张能力。因为我们不可能在现实中去标注世界上的所有东西，向电脑解释所有的细节，这也不是人类最常见的学习方式。

作为能够思考的生物，我们向周遭环境以及其他人提供反馈，也依赖于他们给我们的反馈。简单说，一个孩子通过寻找规律的方式观察他的周围环境，以期理解这些事以及导致这些事情发生的潜在原因。在他追求知识的过程中，会以进行实验或者提问的方式来持续优化他心中对周遭环境建立的模型。如果我们希望机器以类似的方式进行学习，接下来则需要在无监督学习上下更大的功夫。

一种衡量机器无监督学习容量的方式是，给它提供大量同类图像，比如飞机的照片，然后要求机器想象出一种全新的机型。这种方法已经在人脸等类别的图像上被证实有效。虽然目前这一技术尚未成熟，但毋庸置疑其拥有很广阔的发展前景。

结语：从"孤芳自赏"到"百花齐放"

机器学习的"三巨头"在人工智能的深度学习领域所作出的巨大贡献大家有目共睹，GPU、量子计算机、云计算平台等条件的成熟，使得他们的坚持出现转机，建立在大量数据输入和处理基础之上的深度学习开始从"假想"变成"现实"。除了"三巨头"之外，越来越多的人加入到机器学习领域的研究，如以概率知识表达与因果推理算法而获得图灵奖的朱迪亚·珀尔（Judea Pearl）、以计算学习理论获得图灵奖的莱斯利·瓦利安特（Leslie Valiant）等，机器学习领域因此呈现出一派"百花齐放"的欣欣向荣景象。现阶段，深度学习已经开始被运用到社会生活的各个领域，如医疗、汽车和金融等。

6

AI江湖之中国功夫

人工智能界的
"神雕侠侣"

"我是小度机器人。我来了，你们准备好了吗？"

吴恩达

我收起了四十米长刀，并向你扔了一个机器人。"雕"？不存在的。

人工智能领域的超级CP

谁是"姑姑"？我是李飞飞，我发现我们无法找到一个完美的算法。

李飞飞

西尔维奥·萨瓦雷塞

"姑姑"，我在计算机视觉、机器人感知和机器学习领域获得了很多奖。

"你好，Mora，我是自动回复客服，欢迎回到eBay。根据您的购物信息，我看到您在6月26日购买了一双跑鞋，且订单已发出，您打电话过来是为了这个订单吗？有关这个订单，我有什么可以帮助您的？"

"我收到了这双鞋，但事实上它们并不合脚，所以我需要退货。"

"我可以帮助您，现在正在帮您开启退货退款程序，稍后您将收到一份邮件，里面包含具体的退款详情。"

"好的，谢谢！"

"另外，您希望我帮助您接通eBay的专业人工客服吗？他或许可以帮助您挑选一双合适的鞋子。"

……

这段虚拟agent与消费者的对话，出现在2018年7月25日美国旧金山举办的谷歌云年度Next大会上，虚拟客服可以自行与人类交流、回答问题并完成任务，在用户的需求超过虚拟客服代理的服务能力的情况下，它也会将电话自动转接给人类客服。除了AI客服中心之外，本次年度会议的亮点还聚焦在AutoML如约推出的自然语言和翻译服务，以及TPU 3.0正式进入谷歌云！

随着大会进程中几项重磅产品的宣布，这些产品的开

人工智能3.0：大智若愚

发者"佳飞猫"组合名声大噪，两个中国面孔的女性开始被全球各国媒体争相报道，然而组合中的谷歌云首席科学家李飞飞早在几年前便是AI界炙手可热的风云人物。

传奇：AI界的女神——李飞飞

　　李飞飞作为华裔女性人工智能科学家，有着闪耀的履历。在2018年"影响世界华人大奖"颁奖礼上，科学研究领域大奖花落AI女神——李飞飞。之前获得过"影响世界华人大奖"的名人包括钱学森、杨振宁、袁隆平和高锟。不得不说，李飞飞是一位充满传奇色彩的女性，她做过清洁工，在中餐馆当过收银员，帮人遛过狗，开过干洗店，最后却凭借在图像识别领域的研究在科学界一鸣惊人。

　　如果人们通常将计算机领域的从业者性别都默认成为男性的话，那么这位斯坦福大学终身教授、斯坦福大学人工智能实验室与视觉实验室负责人、谷歌云人工智能和机器学习首席科学家，将会颠覆我们对于女性计算机科学家的认知。

　　那么，她到底有多厉害？

　　博士毕业后，李飞飞选择了在当时还算不上主流的图像识别作为研究方向。图像识别，就是要教会计算机如何认识图片和解读图片。这明显不是一项容易的工作，它就像是一座高峰难以攀越。起初，李飞飞花了很长时间在图像识别上，但却始终没有找到突破点。和辛顿曾经面临的情况一样，她的这项研究被其他人认为是在浪费时间。然而杰出的科学家总有一些相似之处，李飞飞做出了和辛顿同样的选择——坚持自己的研究方向。

李飞飞在研究中发现，既有的数据集无法反映世界的多样性，就连让计算机识别一张简单的照片都很困难。但如同教会一个孩子认识世界，就要经常带他出去看看世界一样，通过给算法更多的例子，让它看到这个世界能有多复杂，就能够使算法表现得更好。

李飞飞和她的研究团队最著名的项目之一是ImageNet，这个项目的灵感来源于20世纪80年代供职于普林斯顿大学的乔治·米勒的项目——WordNet。WordNet的目的是为英语语言搭建一个层级结构，我们可以将它理解为一个联想型的词汇库。

ImageNet则可以被理解为一个"数据库"，它极大地方便了计算机对海量图像进行快速和准确的识别。简单说，就是为每一个人类使用的词汇配以图片。他们从网络上搜集图片，然后打上词汇标签，以此作为计算机的数据库，如同小孩早教时使用的学习卡片。

在ImageNet项目的初始阶段，需要大量的人工劳动来搜集、标记图片，但当时李飞飞的项目资金短缺，不能满足这样一项庞大的任务需要。最后，他们利用亚马逊的众包平台雇用了世界各地的人用电脑远程完成数据采集工作。这项工作足足花费了两年半的时间才完成，它标记了320万张照片，划分为5 247个种类，12个子树，此时ImageNet已经可以辨别出"白菜"和"猕猴"等，而不只是简单地

人工智能3.0：大智若愚

将其概括为"植物"和"动物",图像识别技术取得了巨大的进步。

但是,这个项目在初次发布时,并没有引起业内关注。2009年末,遭遇了整整一年的冷遇之后,受以算法为图像定位的启发,李飞飞奔赴欧洲,与著名的图像识别大赛项目——Pascal VOC Challenge合作举办图像识别大赛。此前该赛事虽然因为数据集的质量很高而备受瞩目,但类别却只有20个,而ImageNet则拥有高达1000个图像类别。

随着比赛不断举办,ImageNet与Pascal VOC Challenge合作的这项赛事成为衡量图像数据集性能的一个基准,每年吸引着上百家机构参与,其中不乏有Facebook、Amazon等科技巨头,推动着各路AI研究人员不断向前探索机器智能的边界。值得一提的是,在2012年ImageNet大赛上,一个叫做Alexnet的深度卷积神经网络架构被提出,这个架构至今在当前研究领域中仍被运用。

对于辛顿来说,ImageNet联合Pascal VOC Challenge举办的图像识别大赛也给卷积神经网络提供了一个应用的入口,使得他关于神经网络的研究能够用于多个领域,比如Facebook和自动驾驶中的图片标记和物体识别。

李飞飞本人并不是一个醉心于享受科研成果所带来的个人光环的研究者,也不是一个与社会脱节的科学家。她不像武林门派一样对自己的绝学采取严格的保密措施,ImageNet自从构建以来,一直秉承开放和自由使用的原则。"我们将努力降低AI的应用门槛,让尽可能多的用户、开发者、企业都能享受到AI的方便"。(图10)

图10 李飞飞带领AI成长

　　有人认为，李飞飞的女性身份可以为她的研究取得很多的便利，但实际上，作为一名亚裔女性科学家，性别和肤色的问题伴随着李飞飞的整个求学及研究历程。因此，她和比尔·盖茨（Bill Gates）的妻子梅琳达·盖茨（Melinda Gates）一起联合发起了公益平台AI4ALL（意为"所有人的AI"），旨在推动AI研究和教育的多元化与公平化，让女性和有色人种等容易遭到忽视的群体也有相同的机会接受AI教育或从事AI研究。2017年12月13日，谷歌方面宣布AI中国中心成立，李飞飞作为代表在演讲中说："AI无国界，AI的福祉亦无边界。"

人工智能

3.0：大智若愚

人师："谷歌大脑"之父——吴恩达

业界通常以"三驾马车"和"四大金刚"来形象地描述引领人工智能领域发展的顶级专家，"三驾马车"就是指本书前文所提到的三大巨头，而"四大金刚"则是在此基础上将华裔科学家——吴恩达并列其中。

吴恩达最被国人知晓的经历，可能就是他从2014年起在百度任职三年，主导建立了百度人工智能技术团队，并专注于机器学习的研究。

继"深蓝"和"Master"相继在国际象棋和围棋领域战胜人类之后，2017年1月6日，在中国电视史上首次人机对峙的比赛中，吴恩达带着植入了百度大脑的机器人"小度"，在数亿观众的见证下，以3:2的比分将"世界记忆大师"王峰挑落马下。

近年来，在国内大火的《最强大脑》电视节目通过脑力竞技，传播了脑科学知识，并不断实现对人脑极限的突破与挑战，造就了一批真正的"最强大脑"，比如"鬼才之眼"王昱珩、"迷宫行者"鲍橒、"魔方勇士"王鹰豪，等等。而这些脑力精英的队长王峰，更是在年仅20岁时，便获得了第19届世界脑力锦标赛总冠军的荣誉，成为大赛举办至2010年以来第一个问鼎总冠军的亚洲人。

这次"小度"挑战的对象正是王峰，双方将在人脸识别领域的跨年龄识别比赛中一较高下。

"我来了，你们准备好了吗？"录影棚里灯光闪烁，声音时断时续，营造出了极其诡异的氛围，"小度"机器人缓缓走进《最强大脑》录制现场，这种别出心裁的出场方式是它给人类选手的下马威吗？

兵临城下，《最强大脑》名人堂的人类选手们却迟迟没有人敢接受"小度"的挑战，是惧怕AI的"超能力"？还是出于"对未知的恐惧"？现场气氛降到冰点。

随后，时任百度首席科学家的吴恩达，直接向队长王峰发出了挑战，王峰应战。现场一阵骚动，有惊讶也有担忧，不过站在台上的"小度"倒是一脸淡然，颇有一副"他强任他强，清风拂山岗"的江湖做派。

紧张的反倒是台上的吴恩达和台下的其他团队成员。近年来，百度将AI作为公司发展的重要战略方向，投入重金进行研发，机器人"小度"是他们交出的第一份答卷，如果输掉比赛，百度将会面临比较尴尬的处境。

比赛开始后，焦灼点集中在第一轮的第二个对象的识别上。第一轮的赛事要求是：嘉宾章子怡从20张女团成员的童年照中随机挑出2张照片，选手则需要将所选童年照与现场播放的动态影像表演中的成年少女相匹配。

针对第二个识别对象，百度人工智能的代表"小度"给出了两个相似度非常接近的匹配答案，一个是72.98%，另一个是72.99%，最后吴恩达现场选择了72.99%的照片，匹配正确。识别对象群组中有双胞胎存在，这无疑增加了比赛的难度，也让现场的嘉宾颇感意外。但是，也正是王峰在这一识别任务上的失误，导致他最终输掉了比赛。

在棋类领域表现突出的"深蓝"和AlphaGo,从本质上说,都只是涉及了在有限空间内进行搜索的问题。但是,"小度"的识别能力,其实涉及一些模糊推理的能力。这次最强大脑和人工智能的碰撞是对人工智能发展水平的衡量,也将进一步推动人工智能走向更高水平。赛后,百度深度学习实验室主任林元庆表示,他们的初衷是希望通过"小度"与人类脑力高手的对标,了解所做研究的水平究竟处于哪一个阶段。

然而,"小度"并非吴恩达最高的成就,下面就让我们走进世界顶尖人工智能学者——吴恩达的一生。

吴恩达1997年在卡内基梅隆大学修得计算机科学学士学位,1998年拿到了麻省理工学院的硕士学位,2002年被授予加州大学伯克利分校的博士学位。在短短5年内,他出色地完成了本硕博所有的课程和实验任务,这为接下来他在AI领域的不断突破夯实了基础。

博士毕业同年,吴恩达开始了在斯坦福大学的任教工作,作为斯坦福大学计算机科学系和电子工程系副教授,以及人工智能实验室主任,他当时主要研究方向就是人工智能和机器学习,尤其是深度学习技术。

在斯坦福大学,他曾经参与开发了世界上最先进的自动控制直升机。他也是斯坦福人工智能机器人项目(STAIR)核心成员,开发了ROS机器人操作系统。这个机器人软件平台现在已广泛被应用于许多大学和研究院。在斯坦福大学任副教授时,他创造了斯坦福历史上同时选修课程人数最多的记录。由吴恩达主讲的"机器学习"课程有超过800名学生同时选修,而现场教室无法容纳如此多的人数,所以很多学生只能通过远程观看录像的方式学习。

2010年，吴恩达受邀加盟谷歌X实验室（XLabs）。在那里，他主持建立了全球最大的"人工神经网络"——"谷歌大脑"，它能模拟人脑学习新事物。他也因而被称为"谷歌大脑"之父。

两年后，他离开谷歌，于2012年与斯坦福大学教授达芙妮·科勒（Daphne Koller）共同创办了免费教育网站Coursera。这个网站曾引领全球互联网的公开课风潮，让150万人入门"机器学习"这一人工智能主要研究领域，他们中很多人都成为了人工智能业界的基础人才。

2017年，吴恩达宣布离开百度，一时间引发了业界和股市的震荡。此后吴恩达在他妻子卡罗尔·莱利（Carol Reiley）所在的硅谷人工智能创业公司（Drive.ai）担任董事，并投入无人驾驶的研究（图11）。

图11　吴恩达和卡罗尔堪称AI界的"神雕侠侣"

结语：AI "中国功夫" 如何传承?

在AI江湖中，中国人高手辈出。李飞飞、吴恩达等华裔科学家们在人工智能领域的贡献，足以让他们在AI江湖之中占据一席之地。

吴恩达曾说："人工智能在中国的起飞会比美国更快。我希望未来在中国待更长的时间，来支持中国人工智能生态的发展。"同时，我们也应该思考，如何能让更多的中国人在本土扎根，将科技研究成果打上中国标签。

两种棋子，三局较量

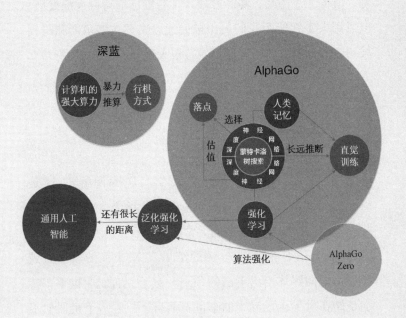

从"深蓝"到AlphaGo再到AlphaGo的升级版，人工智能在棋类运动取得突破性进展。"深蓝"的成功，是算力的胜利；AlphaGo的胜利，则是算法的胜利。人类曾经引以为傲的各种技巧，似乎被机器冰冷的数据打得体无完肤。但是，值得注意的是，尽管专用人工智能已取得巨大的发展，但通用人工智能距我们仍比较遥远。人类在多角度和跨领域问题的分析上，较机器仍然有很大优势。

恐慌：人类围棋的"末日"

　　"它既令人聚精会神，它又令人如痴如醉。"这是DeepMind团队在纪录片 *AlphaGo* 中的开场语。对于围棋职业棋手而言，2016年是非同寻常的一年。

　　"我有信心能赢得5：0的结果。"对决前的李世石满怀豪情地向媒体给出自己的预测。对于一名职业棋手，特别是站在世界棋坛巅峰的李世石而言，战胜一个机器似乎并没有多少悬念。没有人看好AlphaGo，尽管AlphaGo在此前刚刚战胜了欧洲围棋冠军樊麾，但即便是DeepMind团队，也对这场对决没有足够信心。

第一盘对局在倒计时下开始了。李世石抿了抿嘴唇，在聚光灯的映射下，主动选择了黑棋。在大贴目的规则下，黑棋处于相对劣势，而李世石的选择，似乎传递出对棋局的自信和控制力。他的对面，是AlphaGo的主要程序开发者和"人肉臂"黄士杰博士。在一系列仪式之后，李世石下出了第一手：星位。

"AlphaGo才第二手就开始思考了。"韩国的女解说在李世石落子后的30秒时满脸笑意地解说道。但是当棋局进行到第24手时，李世石开始认真对待这位不一样的"对手"了。执白的AlphaGo像人类棋手一样，以一阵猛攻开启了自己的节奏。棋局进行到第67手时，李世石差点犯下一个失误。

当执黑的李世石投子认输时，整个DeepMind团队都震惊了。第一局以李世石失败告终，这个出乎意料的结局，引发了全世界对第二局对局的关注。比赛在聚光灯下开始了。第二局的李世石在对局上，棋风和以往比，发生了重大改变。显然，全世界的关注让这名获得了无数世界冠军的职业棋手感受到压力。当AlphaGo下出第37手的"肩冲"时，所有的解说者都困惑了。

"这样的位置太高了。"北美的解说在直播中这样评价。当解说们困惑时，DeepMind团队也进行了自己的判断。在AlphaGo的估值系统中，这一手不仅仅有胜率保障，而且人类棋手只有万分之一的概率下出来。"那真的是很有意义的一步，"李世石在赛后回忆中说，"这一步让我思考围棋中的创造力究竟是什么？"

李世石又败了。李世石认输的那一刻，整个赛场都陷入凝重的悲伤。他没有一丝主导比赛的机会。面无表情的黄博士，失败的惨痛，一切的一切，让赛后的李世石一句话也说不出。

第三局又输了。这位背负着无数人期望的孤独的战士，又输了。

在五局三胜制的规则下，如果说前三局比赛的李世石，还背负着捍卫人类尊严的包袱，那第四局的李世石，无疑是轻松的。第四局的李世石，与前三局相比，多了几分轻松，少了一些压力。然而AlphaGo在对局上的压力，却没有丝毫的变化。比赛进入中盘，李世石又一次开始了长思考。

图12 李世石向AlphaGo认输，机器正在走向无敌吗？

就在场外的解说纷纷头疼该如何处理时，一步惊人的"挖"跃上棋盘。被冠以"神之一手"的这步棋，在

AlphaGo的分析中，只有万分之七的概率出现。但在赛后采访中，李世石认为这是唯一的一步棋。正是这一手神奇的"挖"，让AlphaGo出现了程序的错误，进而输掉比赛，这也是AlphaGo同人类棋手的唯一一盘败局。最终，李世石以1：4的比分，输给了AlphaGo（图12）。

往昔：曾经的"恐惧"

李世石对战AlphaGo的失败，让人们回想起当初卡斯帕罗夫与"深蓝"的对局。1996年2月10日，IBM公司开发的超级电脑"深蓝"首次挑战国际象棋世界冠军卡斯帕罗夫，虽然最终以2：4的比分落败，但这进一步激发了研究小组的热情。在进行了为期一年的改良后，"深蓝"再一次向卡斯帕罗夫进行挑战。像一个人类棋手一样，"深蓝"不仅采用了人类比赛的限时，在对局过程中，也尽可能满足人类棋手对弈的要求。终于，在为期8天的厮杀中，更新版的"深蓝"以两胜一负三平的战绩，战胜了卡斯帕罗夫，也开启了国际象棋的新时代。

"深蓝"的成功是划时代的。它利用优秀的算法，推算出最恰当的行棋方式。通俗而言，"深蓝"用计算机的强大算力，对每一步棋之后的下法都进行了计算，最终得出结果。这样的方式被称为"暴力穷尽"的计算方式。在卡斯帕罗夫的自传中，他认为人机结合要强于人或机器。的确，机器所拥有的，是无与伦比的计算能力。但是，机器却很难理解在扑克游戏中，什么是虚张声势。然而受制于硬件条件的限制，"深蓝"的成果运用到围棋、扑克、麻将等领域，由于局面更复杂，选择更多，仅仅是计算能力突破的"暴力穷尽"并不可取。

在硬件技术取得突破后，AlphaGo采用了蒙特卡洛树搜索与两个深度神经网络相结合的处理方式。两个神经网络，一个负责选点，另一个对选点进行估值。在这种设计下，电脑既可以结合树状图进行长远推断，又可像人类的大脑一样自发学习直觉训练，提高下棋实力。

认输：人类的"溃败"

在李世石第四局战胜AlphaGo的那个夜晚，疲惫的李世石早早睡去，而AlphaGo却在一夜之间，自我对弈了一百万盘。一年后，中国棋院与DeepMind公司在乌镇展开了第二轮"人机大战"——柯洁与AlphaGo进行的三番棋大战。

一个花了一年的时间研究对手，而另一个却在一晚上就自我对弈一百万盘。比赛的结果既伤感，又有些无奈。更新后的AlphaGo Master以无敌的姿态，以3：0战胜了当时的世界围棋第一人柯洁。

比赛结束后的柯洁，在赛场久久不肯离去。机器均匀的落子速度，黄博士没有表情变化的面容以及棋局上的压制力，都给柯洁带来了巨大的压力。

李世石和柯洁在人机大战之后，都有长时间对人比赛的连胜。从某种意义上讲，"人机大战"对李、柯而言，是围棋技术的提高，更是围棋视野的开拓。在AlphaGo之后，围棋领域的人工智能如雨后春笋般涌现：腾讯人工智能实验室的绝艺、腾讯微信团队的PhoenixGo、日本的DeepzenGO……

从战胜卡斯帕罗夫的"深蓝"，到打败李世石的AlphaGo，机器取得了长足的突破。AlphaGo从最初的记忆人类棋谱库，模仿人类的下法，"进化"到自我对弈和强化学习。在AlphaGo的棋谱库中，储存了各个分段棋手对局的3000万步，各个分段棋手的着法都被机器记录下来。

飞跃：从AlphaGo到AlphaGo Zero

在AlphaGo之前，围棋一直是机器学习领域的难题，甚至被认为是当代技术力所不及的范畴。但AlphaGo出现后，局面有了很大的不同。AlphaGo在同Crazy Stone以及Zen等其他围棋程序的500局比赛中，取得了近乎不败的成绩。分布式AlphaGo同单机版的AlphaGo相比，也有压倒性的优势。

AlphaGo与樊麾战局的棋局裁判托比·曼宁（Toby Manning）和国际围棋联盟的秘书长李夏辰都认为，将来围棋棋手会借助电脑来提升棋艺，从错误中学习。而现在围棋各种制度的修改以及解说借助软件胜率进行的进一步分析，都印证了这样的看法。

台湾大学于天立教授认为，Google将深度神经网络、加强式学习和蒙特卡洛树搜索三种演算法进行结合的思路是非常成功的。他认为，这种技术在解决一般连续性决策问题时，能从众多可选方案中，适当地分配运算资源来探索决策所带来的好坏。而且这一算法可从探索中回馈修正错误。不过于天立也提到，AlphaGo所使用的学习模型尽管具有一定的普遍性，但它与真正完全通用的学习模型仍有一段距离。

但是，仅仅依靠人类棋谱库和自我对弈的AlphaGo在2017年10月19日被战胜了。被称为"围棋上帝"的AlphaGo被打败了，只不过打败它的，是它的机器兄弟"AlphaGo Zero"。

新版的AlphaGo Zero对强化学习的算法进行了优化，不仅仅摆脱了"人类记忆"，还在一定程度上实现了"泛化强化学习"的算法。通过实验，AlphaGo Zero在国际象棋、日本将棋上，都战胜了原先各自领域的算法。

有趣的是，尽管AlphaGo在围棋领域犹如上帝一般，但是从对局的角度看，机器无法像人类一样，在棋局中被对方惹恼了，故意下一手"臭棋"来恶心对方。在比赛中，它也不会像人与人之间那样做到"以棋会友"，双方更没有心灵上的沟通。对手面对的只是一个冷冰冰的屏幕，还有一台甚至几台不断发热的计算机。

人工智能3.0··大智若愚

结语：突破不是终结

棋类等智力运动被机器人全面突破，引发了许多人对机器统治的恐惧。但是，除了思考机器人对人类的威胁外，人们还应当注意到：AlphaGo与李世石的比赛中，AlphaGo的每局（大约四小时）成本达到3 000美元。从硬件来看，当时的AlphaGo有176个GPU和48个TPU，而同台对战的李世石，仅仅需要一杯咖啡。

机器不仅在资源上有更多的消耗，更应当看到，尽管以AlphaGo Zero为代表的泛化人工智能在不断发展，但是通用人工智能离我们还很远。围棋"中国第一人"柯洁曾经花了一晚的时间，在ChinaJoy 2017的现场，战胜了所有来挑战的粉丝。从这个角度看，人类在多领域交叉问题的处理以及跨学科问题的思考上，依然具有很好的优势。

当家庭拥有汽车不再必要

发展史

"无人"想法开创先河 — 1925
创想升级 — 1939
无人概念车出世 — 1956
成功研发感应设备及软件 — 1966
无人驾驶和安全挂钩 — 1971
取得技术性突破 — 1977
我国启动无人驾驶技术的研发 — 1980

想法
尝试
实践
发展

群雄逐鹿，合纵连横

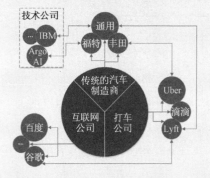

技术公司
… IBM
Argo AI
通用
福特 丰田
传统的汽车制造商
互联网公司 打车公司
Uber
滴滴
Lyft
百度
…
谷歌

"请不要叫我'汽车'或是'几个车轮'，我是奈特工业2000号。"这是在20世纪80年代风靡全球的电视剧——《霹雳游侠》中一辆名叫KITT的智能汽车的口头禅。在该剧中，KITT通过自身的超级智能系统，不仅能自动判断路面状况，做出各种酷炫的驾驶特技，而且在超高情商的加持下，它还能读懂驾驶者的所思所想，进而帮助主角在罪犯横行的世界里行侠仗义，为无辜和无助的老百姓们主持公道。

　　在无人驾驶技术不断发展的时代背景下，曾经只存在于影视剧中的场景，现今似乎触手可及。上述问题遂变成了现实：如果拥有如此聪明的汽车，你信任无人驾驶吗？你愿意放下手中的方向盘吗？如果无人驾驶走向普及，未来人类的出行方式将会发生怎样翻天覆地的变化？如果无人驾驶颠覆了当下出行市场的供求关系，对于千千万万的家庭来说，拥有汽车还是必要的吗？或许这些问题难以寻找到确切的答案，但是通过对历史的回溯，相信我们能更好地认知未来。

序幕：无人驾驶的发展史

让我们一起穿越时光隧道，从无人驾驶的历史出发，探寻它的过去和未来。

当时间定格到1925年，世界上第一辆"无人"驾驶汽车诞生了，它由美国陆军电子工程师弗朗西斯·乌迪纳（Francis P. Houdina）发明。要知道，此时距离卡尔·本茨（Karl Benz）发明汽车也才不到半个世纪。然而，令人遗憾的是，这并不是一辆正宗的无人驾驶汽车，它仍然需要人在车辆后方通过无线电电台遥控以完成前进、转向和停止。不过，这一"无人"的想法可以说是开创了无人驾驶发展的先河。

十多年后的1939年，在美国纽约世界博览会上，通用汽车公司举办了一场名为"未来世界"的大型科幻展览，通用展示了他们对于未来汽车演进方向的构想——到1960年，美国的高速公路将会配备类似火车轨道的设计，而装载自动驾驶系统的汽车，一旦驶入高速通道，就会进入自动驾驶模式，进而沿着轨道高速前行，且直到高速公路的出口才会恢复为人类驾驶。不得不说，这一创想与如今无人驾驶汽车应行驶在独立车道上的想法不谋而合。

1956年，通用公司正式对外展示了Firebird二代概念车，它搭载了一种名为safety autoway的自动驾驶技术，通过在公路里埋金属线，汽车就能够顺着线前进，而车里的导航系统能帮助车避开路上的障碍。同时，它是世界上第一辆配备汽车安全及自动导航系统的概念车型。它使用了钛合金、电源盘式制动设备、磁点火钥匙等新概念，听起来是不是像一辆充满黑科技的"火箭车"？两年后，更为先进的三代Firebird问世，BBC现场直播了该无人驾驶概念车在高速公路上的测试。

1966年，美国斯坦福大学的SRI人工智能研究中心发明了一个名为Shakey的机器人，他可以通过身下的车轮自己在屋里前行、后退，这套感应设备和内嵌软件也为今天的自动驾驶奠定了基础。

1971年，英国道路研究室向人们展示了一辆无人汽车的试驾影像。在视频中，一辆测试中的自动驾驶汽车正在行驶，车里仅有一人坐在后排，而方向盘不断地自动"抖动"来调整车辆的行驶方向。这种自动操作的实现得益于预装在车辆前保险杠位置的一个特制的接收单元，由电脑控制的电子脉冲信号通过该单元，迅速地传递给行驶车辆，进而控制其转向。在此次试验之后，英国道路实验室公开表示，这种驾驶功能将为公路、铁路带来更安全的驾驶体验。同时，《新科学家》和《科学之旅》杂志认为，该无人驾驶系统的安全性高于人类驾驶100倍，这也是人们首次将无人驾驶和安全挂钩。

1977年，来自日本筑波工程研究实验室的科学家取得了技术性突破，他们开发了用摄像头监察路况，同时通过电脑运算决定行驶路线的技术。虽然借助这一技术，车辆的时速只有30公里，并且需要轨道辅助，但以此为基础，美国国防部同时启动了"陆地自动巡航"计划。这一计划的目的是达到真正的汽车自主驾驶。

1980年，中国正式将"遥控驾驶的防核化侦察车"项目立项，哈尔滨工业大学、国防科技大学和沈阳自动化研究所三家单位参与了该项目的研究。在"八五"时期，由北京理工大学、国防科技大学等五家单位联合研制成功ATB-1（AutonomousTestBed-1）无人驾驶汽车，这成为中国第一辆具备自主行驶功能的测试样车，其行驶时速能够达到21公里。ATB-1的诞生，标志着中国无人驾驶研究正式起步并进入探索时期，也意味着中国无人驾驶的技术研发正式启动。

从有想法到尝试，再到实践和发展，21世纪之前的无人驾驶发展历程似乎波澜不惊，在稳步的进步中给人们带来一个又一个小惊喜，但就是在这些小惊喜中，无人驾驶距离人们的生活愈发接近。而嗅觉灵敏的商业巨头们，恰恰选择了在世纪之交进入无人驾驶的领域，企图在人们未来的出行生活中占据一席之地。

博弈：硝烟四起的未来争夺战

纵观整个无人驾驶领域，技术更新可谓日新月异，而其背后的动力，正是来自各公司对占领未来交通模式制高点的渴望。以福特、通用、奥迪为代表的传统汽车厂商，以谷歌、百度为代表的互联网公司，以滴滴、Uber为代表的打车企业，乃至以PlusAI、Roadstar.ai为代表的新兴创业

表1 美国汽车工程师协会对无人驾驶的分级

SAE 等级	名称	概念界定	动态驾驶任务（DDT）		动态驾驶任务支援（DDT Fallback）	设计的适用范围（ODD）	NHTSA 标准等级
			持续的横向或纵向的车辆运动控制	物体和事件的探测响应（OEDR）			
驾驶员执行部分或全部的动态驾驶任务							
0	无自动驾驶	即便有主动安全系统的辅助，仍由驾驶员执行全部的动态驾驶任务	驾驶员	驾驶员	驾驶员	不可用	0
1	驾驶辅助	在适用的设计范围下，自动驾驶系统可持续性执行横向或纵向的车辆运动控制的某一子任务（不可同时执行），由驾驶员执行其他的动态驾驶任务	驾驶员和系统	驾驶员	驾驶员	有限	1
2	部分自动驾驶	在适用的设计范围下，自动驾驶系统可持续性执行横向或纵向车辆运动控制的某一子任务，驾驶员负责执行OEDR任务并监督自动驾驶系统	系统	驾驶员	驾驶员	有限	2
自动驾驶系统执行全部的动态驾驶任务（适用状态中）							
3	有条件自动驾驶	在适用设计范围下，自动驾驶系统可持续性执行完整动态驾驶任务，用户需要在系统失效时接受系统的干预请求，及时做出响应	系统	系统	备用用户（能在自动驾驶系统失效时接受请求，取得驾驶权）	有限	3
4	高度自动驾驶	在适用的设计范围下，自动驾驶系统可以自动执行完整的动态驾驶任务和动态驾驶任务支援，用户无需对系统请求做出回应	系统	系统	系统	有限	4
5	完全自动驾驶	自动驾驶系统能在所有道路环境执行完整的动态驾驶任务和动态驾驶任务支援，驾驶员无需介入	系统	系统	系统	无限制	4

082

公司，都加入了这场事关未来交通革命的战局之中。

美国高速公路安全管理局把无人驾驶划分为5个发展阶段：L1级无自动化、L2级的单一功能级自动化、L3级的多功能能级自动化、L4级的有限自动驾驶和L5级的全自动驾驶。同时，美国汽车工程师协会（SAE）将无人驾驶分为6个阶段（见表1），其对NHTSA分类中的"多功能级自动化"到"有限的自动驾驶"的整个过程进行了进一步的分化，即有条件自动和高度自动。在上述分类基础上，无人驾驶领域的各家企业根据自身优势和特点，针对不同级别的无人驾驶设定了研发、量产目标，具体情况见表2。

表2　六家公司关于无人驾驶的研发情况

公司	研发时间	主要技术	安全测试状况	上路时间	战略布局
福特	2015年	激光雷达测距传感、无人机充当无人车传感器	在仿造的复杂城市环境下可以准确识别交通信号灯、转弯和辨认行人	2021年	在2021年开始量产没有设置方向盘的纯无人驾驶汽车，用于无人驾驶的出租车服务
谷歌	2009年	升级版视觉系统，高精定位	平均行驶5 000英里才需要干预一次，达到了L4级别的自动驾驶标准	2018年	在2018年商业化其无人驾驶出租车业务
百度	2013年	高精定位、人工智能辅助	无人车实现了自主控制，测试时最高速度达100公里/小时，并完成了多次跟车、掉头等驾驶动作	2021年	计划推出无人驾驶小巴士"阿波龙"，2018年与一些主流车厂合作推出自动驾驶家用轿车，可以实现高度自动驾驶

特斯拉	2013年	Autopilot系统，前向毫米波雷达	在开启Autopilot模式下已累计行驶了约3.57亿公里	已上路	将无人驾驶汽车列入主要发展战略，将经营扩展至无人驾驶公交车、重型卡车的领域
PlusAI	2016年	环境感知，深度学习	实现了无人车自主规划路线和做出决策，测试车已在公共道路和高速公路上行驶近万公里	2019年	与"一汽解放"联合开发智能商用车
Roadstar.ai	2017年	L4全自动无人驾驶技术	在公路上左转右转、超车变道等毫无压力，行驶1 600公里接管一次	2018年	计划投放拥有40—100辆车的车队，展开试运营

根据美国IHS汽车信息咨询公司报告预期，在未来十年，无人驾驶汽车将被全世界大部分市场接受，而其销量也将以每年43%的速度持续增长，到2035年末，全世界无人驾驶汽车的销量将突破2 100万辆。

美国密歇根大学交通研究所发布的一份研究报告显示，在无人驾驶汽车应用普及后，私家车数量将会下降逾40%。据报告估算，如果按照私家车在十分之九的时间里都处于停用状态计算，汽车的使用寿命将会长达10年至15年。然而，如果人们使用租赁式无人驾驶汽车取代现有的私家车出行，汽车将会得到充分的使用，而其寿命也将会显著缩短。这对于打车巨头们来说无疑是重大利好。

可见，在这场群雄混战之中，互联网巨头、传统汽车制造商、汽车租赁公司可谓"三大势力"。传统汽车制造商可谓财大气粗,在无人驾驶技术上一掷千金。谁不早做谋划,谁就会输在起跑线上。面对这个先发制人、后发制于人的市场,谁都不敢含糊。

第一,传统车企方面,福特投了10亿资金与Argo AI组建合资公司,Argo AI是一家由谷歌前自动驾驶汽车工程师创办的公司,其获得投资时成立仅两个月。通用砸了5亿美元和打车应用Lyft打造无人驾驶网络,用10亿美元收购自动驾驶初创公司Cruise Automation,并与IBM合作,植入沃森人工智能技术。2017年,奥迪率先发布具有自动驾驶L3级别的量产车型——奥迪A8/A8L,超越了曾一度技术领先的特斯拉。

第二,反观互联网企业,由于它们在技术领域拥有深厚的根基,因此它们也瞄准了无人驾驶这块肥田。在该方面,动作最大的便是谷歌。早在2009年,Google X实验室就正式启动谷歌无人驾驶项目。今天,谷歌旗下无人驾驶技术公司Waymo的实际路测里程已超过300万英里,模拟测试里程超过10亿英里,在行业内取得了遥遥领先的地位。

第三,再看汽车租赁企业,作为近年来崛起的新贵,它们自然也不会袖手旁观。2017年以来,Uber动作频频,它于2017年9月首次推出自动驾驶汽车载客服务,其在无人驾驶领域的布局也持续加速,并和车企丰田达成战略合作,携手布局无人驾驶。同时,另一共享出行巨头滴滴也不甘落后,与Uber在无人驾驶领域展开"暗战"。2016年,《滴滴出行股权投资项目》的融资文件显示,在业务层面,滴滴已明确对无人驾驶汽车进行了布局计划。

群雄逐鹿之时，合纵连横的趋势也愈加明显。比如，Uber携手了丰田，而谷歌和Uber有着利益纠纷，在敌人的敌人就是朋友的准则下，谷歌母公司Alphabet牵手Uber的死敌、北美第二大打车应用企业Lyft共同测试无人驾驶。这也标志着Alphabet与Uber之间的无人驾驶汽车之争日趋白热化。

上述三股势力此消彼长，未来谁将问鼎还未可知。

疑思：谁将掌握方向盘？

各家企业关于无人驾驶的精彩叙事，仿佛一篇篇充满未来特色的科幻故事；而大量资本的涌入，则似乎迫切地想要把故事变成现实。在2017年，无人驾驶领域总计获得了超百亿美元的资金投入。以特斯拉为例，凭借无人驾驶和新能源汽车的故事，其股价自2013年以来上翻了十倍之多。资本狂潮裹挟着无人驾驶技术飞速前行，而人们所担心的事故最终还是发生了。

2018年3月19日，Uber的一辆自动驾驶汽车在美国亚利桑那州坦佩市发生交通事故。当时，处于自动驾驶状态的汽车与一名正在过马路的行人相撞，行人在送往医院后不治身亡。这是史上首例自动驾驶车辆在正式开放的路面上撞伤行人致死的案例。那么，该起事故应当由谁负责？

这场事故也折射出无人驾驶发展所面临的一系列问题。

首先是无人驾驶汽车对于电脑的计算能力具有极高的

要求，一旦电脑程序错乱或者网络信息被黑客入侵的话，汽车的安全性将受到极大的考验。

其次，当无人驾驶汽车产生违规停车、交通事故等一系列问题的时候，是将其定性为人为问题还是技术问题？只有汽车有明显的质量问题，相关责任才由汽车制造商来承担。然而，由于无人驾驶汽车本质上是由无人驾驶系统来控制而不是由车主驾驶，如果出现事故，就会产生如下问题：第一，车主所承担的责任边界有多大？第二，如果车主避险失败，那么责任由谁来承担？因此，在这种情境下，车主和自动驾驶提供商之间就将出现责任的空白地带。

此外，自动驾驶一般是通过无线网络进行信息传输的，但网络运营商并不能保证信号时刻畅通。假如出现的故障和网络通信有关，网络运营商也会牵扯其中。因此，在消费者、网络提供商、汽车制造商之间，就会出现多个交叉的责任空白地带。

其实，发展自动驾驶技术的初衷就是为了解决交通事故的问题。据统计，90%的交通事故都是人为因素导致的，并且全球每天约有3 500人被交通事故夺走生命。汽车厂商沃尔沃曾表示，其发展自动驾驶的初衷就是相信未来智能驾驶系统可以减少80%的交通事故。

由此可见，无人驾驶的故事并不是完美的，其中也存在事故和矛盾，而随着城市交通模式的变革，人们发现这些事故和矛盾也并不是无解的。

未来：共享智能汽车的新模式

在未来的某一天，我们出门后只需坐进车里悠然地喝茶、看报，无人汽车便会自动地悬浮在道路网络之中，并以150千米的时速穿梭于城市之间。当我们环视观察车内，就会发现它不仅配备了具有手势识别系统的头部仪表盘、事故避免系统，还能够自主寻找车位停车，并内置"汽车管家"。更让我们舒心的是，交通拥堵和违反交通法规的担忧也不复存在了。这是2002年上映的电影《少数派报告》中描述的未来场景，而你能想象吗，这些场景距离我们已经并不遥远。这就是所谓的共享智能汽车。

所谓共享智能汽车，是将共享经济模式和无人驾驶技术相结合的产物。在这一模式中，行驶在道路上的汽车不再是某个人或某个家庭的所有物，而是整个交通体系中的关键一环。搭载着自动驾驶系统的汽车穿梭于城市之间，其前行的路径则通过大数据处理中心分析产生，它结合了城市中每个人的实时出行需求，进而做出了最优规划。在这一模式下，传统的汽车供应商将转型成为人们的出行提供商，它将成为提供汽车生产、汽车检修、无人驾驶系统研发、车辆保险、信息交互的集合型服务的厂商，而上文提出的问题也将迎刃而解。

当然，共享智能汽车还将为人们的交通出行带来诸多利好。

图13　未来的汽车会是什么样的?

　　想象一下，当你需要出行的时候，直接使用停放在家门口的智能共享汽车，在输入目的地后，汽车将会自动驾驶前行。此外，它还能监控实时车流信息，合理规划路线，安全快捷地带你到达目的地。更重要的是，你将不必考虑停车、维修等其他一系列由私家车而带来的问题。如果上述场景都能实现，家庭还需要拥有汽车吗? 这一看似遥远的交通模式，其雏形却正走入寻常百姓家（图13）。

　　在新加坡纬壹科技城这样的高科技商业中心里，具备无人驾驶功能的出租车正处于试运行中。预计到2019年，nuTonomy公司将通过Grab公司向纬壹科技城周围的所有乘客提供服务。试运行之初，每辆出租车都会配有一名安全驾驶员，之后，公司将允许一个人远程监控没有驾驶员的出租车。最终，该项目将完全过渡到自动驾驶，同时可以进行远程操作。新加坡经济开发委员会运输工程总监谭康惠表示，新加坡力图建成未来全球科技创新中心，因此相比于其他国家会更有勇气尝试新鲜的事。在未来3到5年内，新加坡将对自动驾驶的汽车、公交车和货运车进行一系列实验，希望能够将自动驾驶等新技术运用到纬壹科技城的建设中。

在荷兰，初创企业Amber在共享智能汽车领域快速发展。与许多直接布局自动驾驶的公司不同，Amber是为了完成他们宏大的移动出行服务模式而切入自动驾驶的。为了更好地将车辆及时部署在停车点，他们通过无人驾驶技术让汽车自己开过去。至此，他们的计划也初见雏形，就是在2018年年中，将完全无驾驶员操作的自动驾驶车辆交付到他们的移动出行服务中。相信这类共享智能汽车的发展将极大地改变今后人们的出行方式，同时解决交通拥堵、空气污染等城市难题。

结语：购买汽车会成为收藏行为？

放眼当下，共享汽车作为一种商业模式，反映了中国市场的高度活跃性以及新理念在中国市场的广泛适用。而在未来，共享经济在交通领域最重要的运用，便是共享理念和无人驾驶技术相结合的共享智能汽车。

共享智能汽车将为人们的交通出行带来很多的好处。首先，停车、交通拥堵等问题将得到普遍改善，智能汽车不仅可以帮助人们最大程度地优化路线，还能够避开交通的实时拥堵点。

　　此外，共享智能汽车可能会在很大程度上疏解城市地方人口压力，由于上下班时间大幅减少，生活在郊区的人们也可以在一定程度上减轻工作负担。当然，未来的汽车行业将是一个全新的开放生态，呈现一种崭新的管理方式，而汽车生产商将变成汽车的维护商。

　　面对即将到来的交通模式变革，中国已经形成了初步的共享智能汽车的形态，并且在未来将不断完善。在上海、深圳、杭州等地，无人驾驶实验路段正在不断扩展。共享出行的观念正逐步形成，相关的法律法规也正在逐步走向完善。也许在不久的将来，现有的交通模式将被彻底颠覆，而到了那一天，家庭将不再需要以出行为目的而拥有汽车，或许购买一辆汽车将变得和现在购买手办模型一样，成为一种个人收藏行为。

人人都能享受高质量的医疗服务

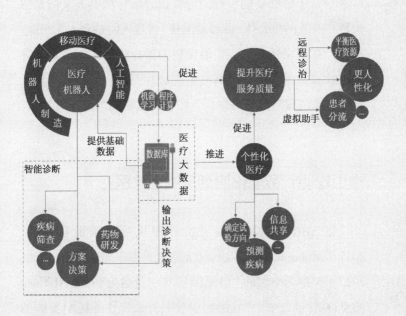

迪士尼动画电影《超能陆战队》中的医疗机器人大白，凭借其可爱的外观设计，受到了世界各国观影者的喜爱。大白有着气球状的外壳，内部由碳纤维骨骼构成，同时具备语音识别和人体体征扫描功能。作为一个医疗机器人，这些都是十分必要的设计。可以说，医疗机器人大白是三大科技产业的集合体，即移动医疗、机器人制造和人工智能。那么，在未来社会中，类似大白的医疗机器人能否走入寻常百姓家，为人类提供高质量的医疗服务呢？我们不妨从医疗技术的发展趋势出发，一同探讨这一问题的答案。

谁更聪明？智能化浪潮下的未来医疗

继2016年AlphaGo战胜世界围棋冠军李世石之后，2017年AlphaGo Master以3：0完胜世界围棋冠军柯洁。由此，2017年被称为中国的"AI元年"。在一份名为《探索AI革命》的全球AI报告中，"AI影响指数"对最容易受到AI影响的行业进行了排名，其中医疗和汽车行业并列第一位。这不由得引发了人们的思考，随着未来医疗领域逐步走向智能化，机器医生和传统的人类医生相比，到底谁更加聪明？

　　目前，智能诊断依然以医疗机构中的医生为主体。然而，诊断过程中所运用的技术手段、判断依据已然发生了重大变化。智能诊断的过程分为两个阶段，第一阶段需要医疗人员利用现代信息技术，在收集大量的数据和信息后进行分析，再对这些数据进行统一转码、重新构架后存入数据库系统，进而为诊断疾病提供海量的基础数据；第二阶段，当遇到症状类似的病例时，人们通过病例分析工具和数据挖掘工具，对数据库中的信息做进一步分析与处理，运用机器学习和复杂的人工智能算法，迅速准确地找到病例诊断的数据依据，从而作出高度准确的诊断决策。可见，在诊断中人工智能和人类医生缺一不可，而在人工智能的辅助下，人类医生的效率大大提升（图14）。

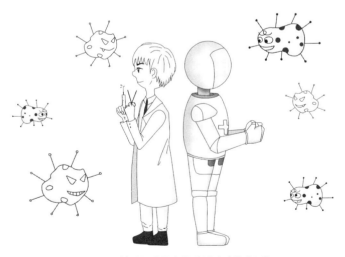

图14　医疗机器人和医生联手抵御病毒侵袭人类

　　随着技术的进一步发展，人工智能将一点点突破医学影像、基因检测、辅助诊疗、新药研发、健康管理等领域。现在，人工智能已经能够自动生成医学影像报告、辅助研发流感疫苗、预测阿尔茨海默病、诊断先天性白内障和皮肤癌等。看来，人工智能在疾病筛查、药物研发、治疗方案决策等方面将全面超越人类医生。

我们不妨以医学影像分析为例，看看机器医生到底比人类强在哪里。早在2016年9月，哈佛医学院的奥伯梅尔（Ziad Obermeyer）与宾夕法尼亚大学的伊曼纽尔（Ezekiel Emanuel）就在《新英格兰杂志》上发文，他们认为，因机器学习介入医疗保健领域，病理学家和放射学家的工作将被替代。这两个专业原本便要求操作者如同精准的机器人一样进行模式识别的工作。然而，随着图像数据集与计算机视觉大规模的深度结合，人们只要拥有足够的数据信息，搭载机器学习功能的设备就能够熟练地作出诊断。目前，放射科机器设备的相关算法已经能够替代医生检视乳房X片，甚至其准确性将超过人类。2017年7月，在国际肺结节检测大赛中，来自中国阿里云的ET对800多份肺部CT样片进行分析，最终，ET的检测结果打破了世界纪录并夺得冠军。

机器医生的应用不仅仅能够提高诊断的准确性，也将极大地缓解医疗资源紧缺的状况。当前，不同的病理学家对乳腺癌诊断的一致率只有75%。显然，依赖人工作出的医学数据分析存在明显缺陷。一方面，医生一般依靠以往的经验进行诊断，而经验总是有局限的。因此，医生难以每次都做到准确分析，甚至可能造成误诊。另一方面，一个医科学生必须经过十几年的训练，才能胜任病理学家。由此可见，准确的诊断在医疗资源匮乏的地区，简直是一种奢望。目前，医疗机构广泛使用电子胶片使得医学影像数据快速增长，美国的医疗数据年增长率达到了63%，中国也达到了近三成。但是，两国放射科医生的年增长率均不足5%，远低于影像数据的增长幅度。这意味着影像医师的工作量增大，相应地也造成了诊断准确性的下降，而以人工智能技术来提供影像判断则能弥补这一需求缺口。

目前人类医生面临着巨大的挑战，而"机器医生"的普及将更符合社会的实际需求，其能为人类提供优质的医疗服务。

新主角登场：医疗机器人的普及

2017年，医疗领域涌现了形形色色的智能机器人：纳米机器人、达芬奇机器人、自助式种植牙机器人、外骨骼机器人、胶囊胃镜、钛米机器人、导医智能机器人等高科技产品相继亮相。2017年11月，由科大讯飞和清华大学联合研发的"智医助理"机器人以高分通过了国家执业医师考试，更是引起医学界一片哗然。

其中，最引人注目的莫过于达芬奇机器人。说起达芬奇，很多人联想到的是意大利文艺复兴时期伟大的艺术家，想到的是他那幅珍藏在卢浮宫的珍宝——《蒙娜丽莎》。达芬奇机器人是目前全世界应用最为广泛的手术机器人，它以达芬奇五百多年前画在图纸上的机器人雏形为原型进行设计和完善。后人为了纪念达芬奇的杰出贡献，便以他的名字来命名这种手术机器人。

达芬奇手术机器人可以操纵比人类的手掌还要小的手术器械。以达芬奇机器人进行的腹腔镜手术为例，它不仅具有创伤小、术后疼痛少、恢复效果快的优势，而且达芬奇机器人手术比传统的腹腔镜手术更精准，还能避免医生因长时间手术疲劳造成的操作失误。

在微观层面，医疗机器人的代表便是纳米机器人。它以分子水平的生物学原理为设计原型，设计制造可对纳米空间进行操作的"功能分子"器件。它主要应用于非侵入性治疗、细胞修复和非定域化的治疗，如远程手术或美国军方的Trauma Pod（半自动化机器人手术系统），并且可以启用远程护理功能。作为能够在人体内清除病害的清道夫，纳米机器人的使用将使得治疗过程变得不再痛苦。

Verb微创手术机器人则是由Verb Surgical公司研发的。该公司由谷歌母公司Alphabet和强生（Johnson & Johnson）联合建立，其在微创手术机器人领域的主打产品便是Verb。Verb微创手术机器人在体积、功能、使用安全和价格方面比达芬奇手术机器人更具优势。该智能化手术机器人不仅在体积上更精致小巧，而且在功能上也更具多样性和延展性。它摒弃了远程实施手术的想法，允许操作手术的医生更靠近手术台。与现有的手术机器人相比，未来的新型手术机器人将更多运用人工智能、深度学习和大数据的相关技术，从而使得相应的研发原理和操作流程发生根本的改变。

同时，类似于医疗机器人的医疗辅助设备也纷纷在手术中获得运用。2013年，美国整形设备制造商史赛克公司（Stryker）收购了MAKO外科治疗公司（MAKO Surgical），后者最为关键的技术就是MAKO机械臂手术辅助系统。该系统主要应用于膝关节单髁置换术和全膝关节成形术，它可以进行实时手术。在切开手术部位的组织之前，该系统允许进行更多的膝关节与软组织平衡之间的修正，还可以为手术置入物的定位、腿的长度以及偏移情况提供精确的数据，更可以单独为髋关节手术平台提供扩展应用。

当然，目前更具有针对性的医疗机器人也不在少数。SPORT Surgical机器人手术系统是位于加拿大多伦多的泰坦医疗公司（Titan Medical）开发的项目，其价格远远低于达芬奇手术机器人。SPORT系统将手术台、单切口摄像头装置和多关节器材结合，旨在将机器人手术精细化。手术医生借助该系统，仅通过一个切口即可进行微创手术。目前，泰坦医疗公司主要聚焦普通外科（胆囊、阑尾切除术）、妇科（子宫切除良性肿瘤）和泌尿科三方面的手术类型。

以上四种医疗机器人的特点比较参见表3。

表3　四种机器人的特点

代表性系统	隶属公司	特点
达芬奇系统	Intuitive Surgical	应用最广、数量最多、世界上最为先进的微创外科手术系统之一
Verb微创手术机器人	Verb Surgical	体积小，使用安全，性价比高，可近距离操作，视觉图像视野高清，数据分析功能强大
MAKO机械臂手术辅助系统	Stryker (MAKO Surgical)	可实时进行术中调整，提供置入物更精确的位置，单独为髋关节手术平台提供拓展
SPORT Surgical系统	Titan Medical	将手术精细化，能够进行微小部位手术

迭代：大数据与区块链

除了人工智能技术的发展，医疗大数据时代也已经到来。医疗记录电子化后，医疗系统便开始收集非结构化、实时、综合的数据。现在计算机已经能够运用机器学习、自然语言处理和高级文本分析程序去解析这些异构数据。可见，大数据带来的变革是突破性的，它允许对松散关联的事物处理产生新的假设。

从实际情况看来，大数据促进了医疗行业的巨大进步。大数据的有效利用提高了医院内部的医疗系统和医疗办公的效率，增强了疾控部门预测流行病、提高生活品质、更早地发出健康预警信号的能力，促进了普通公众对公共卫生的了解、对个人卫生更加全面的认识，以及基于种族、性别、年龄和区域等健康模式的分析和更加快速地学习和实施预防治疗的能力。

同时，大数据也有利于个性化医疗。通过将患者的基因结构、生活习性与其他人进行比较，能够让医生预诊断、预测身体状况，从而做出个性化的决策。此外，智能手机APP、智能手环等工具采集的信息，以及其他医疗数据可以与医生实时共享。在临床试验方面，大量数据可以帮助研究者更加准确以及有选择性地选择试验主题。

早在2008年，谷歌就已经推出了运用大数据信息进行流感预测的服务。通过检测用户在谷歌上的搜索内容，谷歌就可以有效地追踪到流感爆发的迹象。例如，一些关键词如头痛发烧、恶心和打喷嚏的搜索次数在某一区域内日常约为20万次，而某一时间段内这些关键词的搜索次数突然急剧上升到60万至80万时，谷歌服务器就会判断必须对疫情进行预判和警戒。

谷歌基线研究项目（Google Baseline Study）希望建立一个数据量巨大的人类健康数据库，用来找出完全健康的人类基因模型。根据这个数据库，一旦发现用户的健康数据与健康模型有出入，谷歌就会迅速提醒用户可能出现的健康状况，促使用户进行有效预防。不难看出，联合大数据和互联网技术，我们可以对传染性疾病进行较为及时、准确的监控和预防，并且通过建立数据库、智能分析模型，可以使得这些活动更为便捷和迅速。

2018年，"区块链"成为新年的第一个"风口"，有人称"这不仅是一场技术革命,更是一场认知革命"。"区块链"是一个什么概念？它是一种数字化"分类账本"，这种分类账本是去中心化的，分散分布，在一个无限的网络系统中存储多份副本。因此,区块链提供了一个分散的数字分类账,合作的各方通过使用区块链技术，生成智能合同来提高交互的准确度和效率。

区块链技术给医疗信息的有效、安全管理提供了新的方案,不需要通过中介,也不需要病人管理自己的病历数据,就能够做到防止病历数据的丢失和篡改。因为数据不再存储在医药公司、医疗机构等中心化场景下，而是存储在分散的各个区块之中，所以患者无需为与制药公司分享其行为信息或私密的医疗信息感到担心。如果患者参加了某个药品的临床测试，在药品获批之后，患者就能够利用智能合约从中获益。可见，区块链技术的应用对临床试验技术、医疗账单管理、药品供应和脱敏病人信息传输均具有丰富的潜在价值。

结语：医疗服务质与量的提升

虽然上述医疗领域的技术介绍并不能涵括所有的尖端医疗科技，但是从中我们不难发现，医疗技术的发展为医疗服务质量的提升提供了坚实的基础。

首先，医疗机器人的应用将极大地平衡各地医疗资源。通过医疗机器人，远程诊治成为可能，这使得偏远地区的人们不再逢病必出远门，也极大地缩短了紧急诊治所需的时间。目前，医疗机器人仍然属于昂贵的医疗设备，但是随着技术的进一步发展，其边际成本亦会随之降低。在未来，偏远地区的人们享受方便、平价而高质的医疗服务不再是一种奢望。

其次，医疗技术的发展与应用，不仅能够极大地增加可用医疗资源，同时还可以进一步促进医疗服务的人性化程度。例如，如果在诊疗过程中充分利用人工智能的辅助服务，既可以针对性地补充医疗服务力量，还可以更加合理地分配医疗资源和提高就诊效率。再如，运用大数据分析，人工智能可以合理地错峰安排就诊和治疗的时间，这样不仅可以减少患者排队的时间，而且也能提高预约和就诊的效率，减少医务人员的工作压力，使其有更多充裕的时间去诊治特定患者。同时，人工智能在医院中也可以应用于其他许多方面，使得诸如挂号、问路、缴费、打印化验检测报告等程序变得更加方便快捷。

最后，通过虚拟医疗助手和医院的智能决策，我们甚至不必因为常见疾病而特意跑去医院。虚拟医疗助手可以在医生诊疗之外提供辅助性的就诊咨询、健康护理和病例跟踪等服务，相当于增加了"虚拟护士"，能够对医院的患者分流起到重要作用，而患者也不必非要到医院才能进行就诊。医院智能决策旨在将医院决策的过程建立在人工智能运用的基础上，从而更好地提高医疗资源的利用效率。

可以预见，随着智能医疗技术的不断发展、普及，医疗机器人"大白"将会通过不同的形式走入寻常百姓家。那时，未来社会必然将使"一个都不能少，人人享受高质量医疗服务"的口号从理想转化为现实。

10

机器人法官能保障公平正义吗？

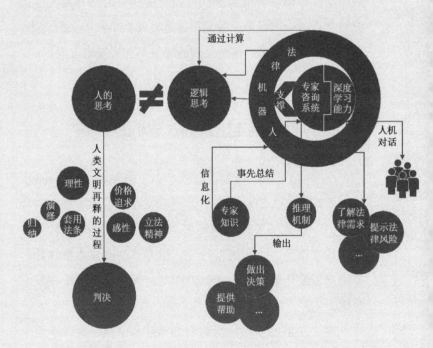

你能想象吗，在不久的将来，机器人将在人类的审判活动中扮演重要的角色。设想一下当你走入法庭，机器人书记员迎面而来告知注意事项，机器人法警在你身边维持秩序，法庭的气温调节、湿度调节都交由智能化的机器大脑控制，你似乎怀疑高坐在审判大厅中央的法官是否也是机器之心，一切好像离我们很遥远，又似乎在不久的将来。在可以预见的未来，这些科幻的场景都在慢慢走进现实。

序曲：从四合院走出来的"法小淘"

　　"法律机器人"听上去有些超前，但在不少科幻小说、科幻电影中，人们对此都似曾相识。在人工智能浪潮的冲击下，一些似乎天马行空的想象正在一步一步付诸实践。法律行业作为一个传统型行业，很多理论及核心精神几千年来都未发生较大的改变，但现在这种情况似乎正在发生变化。

　　两千年前的罗马法所追崇的精神和原则，有许多至今仍然盛行。例如，物权法中的物权法定原则，婚姻法中的分别财产制理论，以及诉讼法中的程序先于权利原则等等，依然主宰着相关法律领域。那么传统的甚至有些古板的法律领域在人工智能的浪潮下是否会产生改变？是否会像某些保守法学家认为的那样以不变应万变？还是在时代浪潮下发生巨大的变革？

当我们依然在天马行空地想象和憧憬时，法律界有一部分先驱者已经开始探索"人工智能＋法律"的实践应用了。法律界的先驱者们并不愿意在即将到来的人工智能时代下处于被动地位，他们收集着人工智能的星星之火，等待着被时代洪流创造的燎原之势。

在离天安门不远的地方，有一处僻静的四合院，当你走进它时，最先映入眼帘的是悬于正门之上的一块牌匾，上书"无讼"二字。孔子有云："听讼，吾犹人也，必也使无讼乎。"孔子的意思是，若让他来做断案者，和别人也没有什么不同，但是我一定要让他们不要再争讼了。

讼，一个古人避之不及的事情，时至今日，人们也不愿让自己过多地牵涉诉讼之中。这处僻静的四合院内有一个年轻的团队，公司的名称也很有新意："无讼"，这似乎标榜着他们的追求。他们来自国内各个顶尖大学和知名律所，并且有一个大胆而又伟大的理想：使天下人摆脱劳神费力的繁杂诉讼，从堆积如山的案卷和材料中解放出来。他们的野心不仅仅是要解放诉讼中的普通参与群众，更是要解放一切可能参与诉讼的群体，包括法官、律师、检察官、当事人，等等。

当你走进无讼团队后，你会发现一种年轻的冲击力，这似乎和这个古老甚至有一些古板的四合院风格不同。但正像在人类文明中延续千年的诉讼一样，是时候来一场革命，一次巨大的改变了。

蒋勇，无讼团队的领导者。他是知名律师、法学大咖、成功的商人、有魅力的讲演者，但我们见到蒋勇本人后似乎不会马上联想到这些标签。面对这个偏瘦的中年男人，你很难看出他在业内响当当的名气，更难看出他已是法律界将人工智能与法律相结合带入市场推广的先驱者。或许，你可以在他如炬的目光中发现一些小秘密。

一个知名的律师"离经叛道"和一群小年轻搞起了"人工智能＋法律"，这在法律这个传统的行业中似乎有些标新立异，不过用蒋勇自己的话说，他不在乎业内的看法，而更在乎整个法律行业要在人工智能的冲击下做出一些必要的改变。

在时代的洪流下，顺者昌，逆者亡，法律也不例外。在AlphaGo战胜李世石而掀起人工智能热潮之前，蒋勇和他的无讼团队就已经开始捕捉人工智能的星星之火。此时的人工智能热潮还只是国内小范围的科技界的讨论话题，法律界关于人工智能的讨论更多停留在天马行空的想象上。这样看来，无讼团队已经开始的实践探索显得难能可贵。

"人这一辈子一定要有两个朋友，一个是医生，一个是律师。中国有14亿人，但却只有30万律师，平均下来5 000人才有一个律师。这是律师行业（官司）价格高居不下的一个重要原因，也是法律行业工作负荷量大的原因。"蒋勇如是说。无讼团队的理想就是要利用"人工智能＋法律"的模式，将法律咨询、法律文书处理和相关的法律业务，以及法官办案的辅助性工作统统交由无讼团队研发的人工智能软件来操作，他们为这个小东西取了一个可爱的名字"法小淘"。

"法小淘"是无讼团队新推出的一款人工智能产品，是国内首款法律机器人，已经在无讼的法务产品中使用，人们可以在手机APP市场免费下载。目前，这款应用已能够基于法律大数据实现智能案情分析、法律咨询、法律文书处理和律师遴选推荐。

"法小淘"的强大源于其内部的专家咨询系统和深度学习能力。专家咨询系统是一种智能计算机程序系统，该系统存储有某个专门领域中经事先总结并按某种格式表示的专家知识，以及拥有类似专家解决实际问题的推理机制。系统能对输入信息进行处理，并运用知识进行推理，作出决策和判断，其解决问题的水平达到专家的水准，因此能起到专家的作用或成为专家的助手。

"法小淘"内部强大的专家咨询系统已经构建起强大的法律大数据体系，"他"可以根据你的咨询给出相对合理的建议，一般性的法律知识问题根本难不倒"他"，当事人的一些非诉性质的法律问题完全可以交由"法小淘"来处理，而律师可以更加集中精力来处理诉讼问题。

"法小淘"的功力远不止于此。用户还可以按提示输入自己的情况，而法律机器人能迅速生成一份较详细的法律建议报告，这份报告对当事人选择律师以及当事人与律师之间的会见效率的提高都有很大的帮助。另外，随着深度学习的深入，"法小淘"将通过问答进一步了解对方的法律服务需求，甚至可以向律师提示工作中的潜在风险。比如，当律师提交的证据清单与该类案件的过往证据提交情况不符，"法小淘"便会自动发出预警。可以这样说，深度学习能力是"法小淘"不断变强的独门秘籍。

总而言之，法律机器人的优势是：第一，随时随地提供法律服务，可同时服务大量咨询者；第二，快速反应，立刻答复，24小时无休；第三，可根据案情推荐更专业的律师为普通人服务。法律咨询机器人的诞生为律师和律所做民生业务提供了一种连续、高效、优质的律师助理服务，法律咨询机器人可不休息不请假，随时更新最新法律法规，咨询意见全面、准确、靠谱，大大提高律师的工作效率，让律师有更多的时间提升自己的专业能力，从而更好地服务更多的人。

按照蒋勇的说法，律师的服务前提是要花费时间学习、积累经验，因此在律师的服务里，时间是一把衡量价值的标尺，这就导致律师很难专注去做小业务，这也是中国法律服务供给资源不对称的一个重要原因。法律机器人的诞生，一方面体现了法律为人民服务的精神，另一方面有利于把律师从基本事务中解放出来，投入更多的精力去做更有技术含量的工作（图15）。

替代：机器人做书记员

虽然司法效率的提升不能简单等同于法律会更加公平

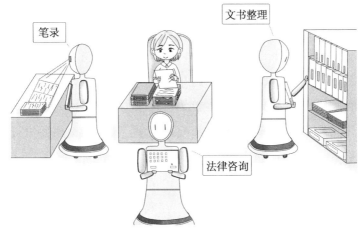

图15 法律机器人使得法律工作的效率大大提升

正义，但法律机器人却能实实在在地把法官、律师和检察官从繁杂的法律文件中解放出来，让他们更好地关注法律的公平正义问题。

目前法律行业的高负荷工作状态已经是一个普遍现象。以上海为例，一个办案法官一年要办300件以上的案子，基本上一天两件的负荷量。大量的司法辅助性工作不得不由法官自己来完成，例如整理案卷、调取相关证据笔录、诉讼文书整理，这些辅助性工作占用了司法活动半数以上的时间，相比之下，庭审过程反倒显得简单。律师行业的情况也是类似的，律师在处理当事人的案件时需要大量阅读资料，比如刑事诉讼中的当事人笔录，少则上千多则上万字的笔录只有靠律师自己一字一句读取关键信息并加以整合。

因此，在这个方面，法律机器人就大有用武之地。苏州市中级人民法院的讯飞智能法律机器人已经成为"智能法院"建设中的先试先行者。在法院的审判过程中，书记员的庭审记录工作不可缺少，而一旦庭审节奏加快，书记员就很难完整如实地记录庭审内容。如今，苏州中院通过科大讯飞在业界领先的智能语音及人工智能技术，运用合作研发出的庭审机器人进行庭审记录，书记员只需要进行部分修改即可实现庭审的完整记录。

借助这样一款语音同步转换文字的机器人系统，苏州市中级人民法院的庭审转录工作效率有了非常大的提高，以前一份33页笔录的庭审需要历时3到4个小时，而现在1.5小时即可结束。按照预期，苏州全年的审理案件将超过30万件，人均办案数量超过280件，案多人少矛盾尤为突出。苏州中院以智慧庭审机器人为核心，结合配套实施的电子卷宗，提升了整个法院系统的办案生产力，从而有效缓解了这种矛盾。

信念：只有人类才能敲下法槌

回到本章标题，我们来探讨法律机器人能否保障法律最本质的追求，即公平和正义？在此之前我们有过一个结论，即司法效率的提升不等于司法更加公平。司法公平问题更多涉及司法程序正义、立法价值以及执法程序正义等问题。

今天，人工智能已经在诸多方面体现出超过人类的水哪怕其执行效率高于人类制定的诉讼法。人类法律归根结底是人类社会长期发展而来的经验总结的逻辑升华，上到最高的法律精神，下到细枝末节的行政法规，无处不体现浩瀚历史长河下人类的理性和经验总结。可以说，人类法律记载的不仅仅是枯燥的法条，还有隐藏在其后的整个人类文明最闪亮的文明之火。

美国大法官霍姆斯（Oliver Holmes）认为："法律的生命不在于逻辑而在于经验。"机器能够通过计算来进行逻辑思考，但它始终无法像人一样思考。人类个体极具独特性同时也极具共性，人类的生命体验和感情交互，隐隐之中共同决定了整个人类文明的发展方向。

当一个法官的法槌落下，他的判决不只是一个程序性的套用法条的过程，而是从宏观上把握整部法律的立法精神和价值追求后对具体法律条文的再释。这个既是演绎的过程也是归纳的过程，同时也包括感情体验和个体经验判断。因此，这是个理性和感性交织的过程，并且最终的判决必定经过法官个人的自由心证。针对具体案件，法官要根据经验法则、逻辑规则和自己的理性、良心自由判断，由此形成内心确信，并据此认定案件事实。

审判你的不是法律条文本身，每个案件的判决过程都是人类长期积累文明再释的过程。那么，人工智能能够做到像人一样思考吗？答案是，它可以高度模拟人的思考，甚至远远超过人类思考能力，但是它永远不能像人一样思考。

也许人们可以把整个人类文明输入人工智能的数据库中,机器人进行深度学习后,"他"会尽力像人一样思考,但"他"永远不会与人一样,人工智能始终是在模拟情境下进行深度学习后的一种逻辑演算。机器人没有感情,无法真正体会人类的文明历程,没有与人类长时间接触的感情体验,即使再高度的模拟也始终是一种伪装,因此其根本没有资格参与人类关于公平正义问题的讨论。

如果我们一味只追求效率和结案率,而让机器人法官和机器人律师来代表人类进行司法活动,那么这就和法律的本质相违背,也必然产生算法暴政。法律是人类的法律,而机器人并不是人类。

我们可以看到,人工智能在当今的司法实践中充当的最主要角色是秘书和助手,本质上是辅助性的,它产生的目的是让人可以更加有效地参与司法活动,而不是代替人参加司法活动。当然,可以预见人工智能依然会对法律界带来巨大的冲击,在不远的未来,律师的办案方式、法官的断案方式可能都会因为人工智能的参与而发生较大的变化,但这些变化不会是颠覆性的。

霍布斯曾经把人类政权比作利维坦,用来隐喻人类政权具有巨大的能量和破坏力。科学也同样是一把双刃剑,积极的建设性力量和消极的破坏力同时存在。一方面,科技的发展能够极大地提升人们的生活水平;另一方面,科学的力量也是潘多拉魔盒,运用不当则会释放出巨大的破坏力。在可以预见的将来,人工智能很有可能会掀起第三次工业革命,这对人类的影响将会是极其深远的,但如何

人工智能3.0：大智若愚

驯服科技的力量使之造福人类，则是一个非常值得探讨的话题。

结语：新科技下的大同世界

目前，"人工智能＋法律"这个创造性的设想方兴未艾，正在一步一步成为现实。我们应当鼓励在人工智能浪潮下积极应对的法律人，同时也要警惕人工智能过度干预人类法律的制定和运行。一方面，人工智能可以极大地提高司法效率，也可以提高全社会的司法参与度；另一方面，我们也要把握法律的底线，即法律是人类的法律，法律机器人只能成为司法活动的辅助者而不是主角。

也许在不远的将来，孔子的理想将会最终实现："必也使无讼乎。"在人们参与的诉讼活动中，各种纠纷都能够在人工智能的辅助下得到很好的解决，司法效率会得到极大的提高，把所有诉讼参与者从繁杂的案卷中解放出来，那将是所有法律人追求的大同世界。

11

巴菲特会失业吗？

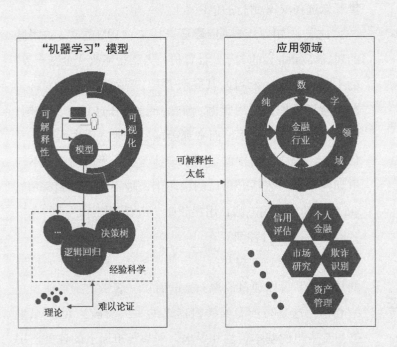

"嗨！我是Richard，有什么可以帮您？"

……

"我看您有一点紧张？不用担心，这个申请流程不会太耗时间。您还可以进行网上申请！当然，根据您的需求我推荐您选择××银行的信用卡！"

这是在2017年Lendit峰会上，来自IBM的Wason团队的Brian Walter做的关于"计算机与人工智能改变金融服务"的主题演讲的一个片段，其展示了人工智能"沃森"(Wason)在金融场景中的应用案例。Shirly的表哥Jack刚来到美国，希望在美国大展身手，而来到美国后，他发现生活离不开信用卡。Jack对美国的信用卡申请流程一无所知，更不知道如何申请一张适合自己的信用卡，他不得不找到Shirly。Shirly帮助他使用电脑，用视频向"沃森"程序驱动的虚拟客服Richard进行咨询。

虚拟客服的外貌和声音与真人无异，并且更让人惊艳的是"她"可以通过读取Jack的唇语和表情，了解他现在的心情。这是目前专家类机器人的一大突破！Richard根据Jack给出的基本信息和要求，列举了市面上的各类信用卡的费率、额度，通过详细的对比，给出建议并提供了办理人电话。Jack从对在美国办理信用卡流程的一无所知到获得最适合自己的信用卡方案只需要几分钟。相比申请者根据搜索引擎搜索的信息，自己吸收消化信息后进行申请，效率高出几十倍。

突破："硅芯"机器人与人类

2017年美国的第一场暴雪突然降临，在全国人民还沉浸在白雪世界时，Shirly独自在家的妈妈却愁坏了。一棵被积雪压垮的大树倒在了她妈妈家门口，导致其出行十分不便。她妈妈独自在家，束手无策。在美国出现这样的状况，一般需要跟保险公司沟通如何移走这棵树，并就房屋造成的损失向保险公司寻求索赔。这一过程十分繁琐，通常会有一个保险代理人专门为家庭提供这些服务。

Shirly得知后，她告诉妈妈现在只需拿起手机，就可以不用聘请代理人完成理赔。她妈妈随后拿起手机和一个虚拟的保险代理人进行了沟通，告知其所发生的事情以及困惑。虚拟的代理人在沟通过程中准确地获取了这个事件的关键点，不仅帮助Shirly家分析了损失，给出了恰当的解决方案、索赔流程，还对延伸出的其他问题提供了建议，例如，车、房、人寿保险的选择和最优搭配等。

"沃森"的名字源自IBM创始人托马斯·沃森（Thomas J. Watson）。"沃森"是由90台IBM服务器、360个计算机芯片组成的超级计算机程序系统，其体积相当于10台冰箱。"沃森"不仅运算极快，记忆力超强，甚至还能读懂人类语言中的暗喻、双关。"沃森"也可以利用交互的行为，像人类一样不断地学习。早在2011年，"沃森"就参加了美国综艺节目《危险边缘》。在广播的三集节目中，"沃森"在前两轮与人类打平，但在最后一集中，"沃森"击败了最高奖金得主布拉德·鲁尔特以及连胜纪录保持者肯·詹宁斯，赢取了第一名的奖金100万美金。

"沃森"的数据分析功能是一大亮点。数据分析功能曾被用在预测体育赛事结果和选拔球员上。它通过获取运动员以往比赛的视频、详细数据，以及社交媒体上的信息就可以预测出这一球员在某一场中的表现，甚至给出某一球员职业生涯的价值评估。同样，"沃森"团队表明，这一功能完全可以被用来了解目前的金融客户以及他们的需求，给出更适合客户的建议以及分析、预测报告。

2017年3月，摩根大通开发出一款金融合同解析软件COIN，它用几秒的计算代替之前律师和贷款人员每年花费36万个小时才能完成的工作。这个软件的问世，在华尔街引起了轩然大波。

2017年4月，管理着近5万亿美金财富的黑石集团传出消息：将裁员400人，一些工作或用人工智能来替代人工操作。黑石集团的做法不仅给劳动市场带来了恐惧，而且印证了"人工智能"正逐步替代一些简单的人工工作。

2017年5月中旬，微软AI首席科学家邓力结束了在微软长达17年的职业生涯，转战资管行业智能金融，任知名对冲基金公司Citadel首席人工智能官。邓力的转行也预示着人工智能正式冲击金融行业，并在未来持续影响金融行业甚至引起金融行业的重构。

创新工场董事长李开复曾公开预言，未来时间少于5秒的工作将全面由人工智能承担！与此同时，未来十年在翻译、简单的新闻报道、保安、销售、客服等领域将约有百分之九十的工作会被人工智能全部或部分取代。那些不能接受"互联网+""人工智能+"的公司，可能会面临被颠覆的风险。由于金融行业是数据结构化最好的领域，人工智能将在这一领域大显身手。

在2017年AlphaGo战胜李世石之后，人工智能就突然变成了新一轮的行业风口。人们一般都认为人工智能会像以前的工业机器人一样，仅仅取代一些体力劳动，也就是只有"蓝领"面临事业的危机。而华尔街摩根大通的人工智能软件彻底打破了"白领"那份自信。前几年被热炒的大数据概念，使很多金融公司更换了大批就职人员。"白领"的这份骄傲与荣誉也没有抵挡住人工智能这头"洪水猛兽"。

每当谈及互联网对金融行业的冲击时，大部分金融业人士都秉持着"保留"态度，其中最重要的佐证就是：很复杂的金融服务难以完全"去人工化"。事实似乎证明，互联网并未导致金融行业的颠覆性革命，更多的只是停留在渠道层面的简单创新。可是有心人早就发现技术的变革带来的冲击已经开始了。

在这几年的耕耘下，各大金融机构累积了大量数据。这些数据小部分转化为新的商机，但更多的由于难以处理而被迫存储并搁置于各家金融机构的服务器上。不是这些金融机构不愿意处理，而是瓶颈所限。海量的数据依照传统的处理方式（存储——结构化数据库、硬件——多依靠CPU的运算、算法——传统的统计分析算法）无法高效地处理。首先，数据太多，人力无法准确掌握每个数据，更无法从中找到准确的规律，而金融行业分秒必争、精确要求的特点相比其他行业有其特殊性，如果预测出的结果与凭空幻想的结果一致，还不如将这些数据搁置在那里。其次，海量数据的处理运算要求太高，没有优秀的优化算法而去勉强计算，成本太高。比如堆砌CPU数量、加大硬件投入，带来的收益远远小于成本。

人工智能的出现，让这些金融机构看到了曙光，运用人工智能的算法，将会挖掘出更多的商机。一些互联网公司已经瞄准了这块"肥肉"，并且已初步取得了一定成就。

冲击："硅芯"强势挑战金融行业

"沃森"带来的冲击不会是石沉大海那么简单，对金融行业的影响将会是颠覆性的。目前，人工智能技术越来越多地在金融交易中被应用，主要有9个领域：信用评估/直接贷款、助理/个人金融、量化和资产管理、保险、市场研究/情绪分析、贷款催收、企业财务和费用报告、通用/预测分析以及监管、合规和欺诈识别领域。

欺诈识别是所有消费金融、互联网金融公司最喜欢的功能。金融行业始终面临两大风险：欺诈和信用。"芝麻信用"总经理曾透露：18%的消费信贷申请人在申请时的12个月中，更换过3个甚至3个以上的手机号；有30%的申请人，在12个月中，稳定活动的县级区域有3个或者3个以上。

这些人的行为使得金融公司面临被欺诈的风险。对于这种风险的防范，银行采取的办法是建立"基于专家经验的规则体系"，每当遇到一次欺诈，银行就记录在案，形成特定的"规则"，下次再遇到系统就会做出相应的响应，如人工介入、系统自动拉黑等。

传统的防范大网具有一定效果，但是总有"漏网之鱼"，每年银行坏账依然是银行头疼的一大难题。人工智能的加入，不仅能有效地规避这些问题，而且降低了防范成本。

人工智能欺诈识别系统首先收集用户的海量数据，如：用户的年龄、收入、职业、学历、资产、资产负债等一些"强相关"数据，还有一些社交网络上的信息：兴趣爱好甚至星座等"弱相关"数据。再经过"机器学习""自然语言处理"等人工智能技术加以分析预测，以达到识别欺诈的目的（图16）。

人工智能中的"知识图谱"技术完美适用于上述理论。通过将用户的用户画像加入知识图谱中，组成一个庞大的金融信用网络，达到即时监控、即时反馈、即时报警的目的。

由于金融服务业的数据十分复杂，比如一家公司的股东可能同时是多家公司股东，而这个"股东"——投资公司本身又可能有许多股东。将这个盘根错节的"股东网络"完全掌握，靠人力还是有些吃力，而靠"知识图谱"技术完全能胜任。类似上述的欺诈识别系统，可以首先建立公司的画像，加入"股东网络"的知识图谱中，建立可查询、方便更新、智能预测的网络。当有一家公司出现"破产"等负面状况时，可以及时向相关企业、公司发出警告，而这些公司由于第一时间接受该信息而有时间做出更多的补救措施，避免损失，达到智能风控的目的。

图16　通过构建人群画像，人工智能可以进行更加精准的服务

"人工智能+金融"具有良好的应用前景，对于复杂的服务工作也可以胜任。但是目前其依然存在缺陷，"机器学习"模型的可解释性太低是目前最大的争议点。

细数目前工业界流行的两大相关模型只有逻辑回归和决策树。并不是这两大模型表现最好，仅仅因为这两个模型具有可解释性和可视化。而可解释性和可视化对于管理人员来说是最重要的一环。人工智能模型更多是一种基于经验训练出来的模型，在经济学领域中，经验科学很难被当作理论来论证。金融公司往往要求相应的模型或理论有极高的可解释性，这比其他行业要求高出很多。许多金融公司客户对于训练出来的模型要求其每一步决策都要有对应的解释，这样机器学习即使可以生成更好的结果，但是不可解释性就决定了从业人员不会使用这类算法。

大数据虽然已经进入金融行业很多年，可是并不是所有的数据都被"电子化"。比如在审计中，很多公司的大量票据仍然未实现"无纸化"。结构化的数据并未完全覆盖整个领域，一些关键点数据由于传统习惯仍然很难转化为"人工智能"可以理解的信息。同时，另一大难题也伴随而来，由于多年累积的大量"纸质化"数据要被使用需要大量人工转译，这其中的成本无法预估。

还有一大难题便是人才匮乏。人工智能火热，应用前景也十分广泛，可是技术门槛较高。其中主要的算法就涉及较多的数学知识，具体算法的实现需要非常充分的计算机知识，而高并发的运算不再依赖CPU的性能，这就需要熟练掌握计算机硬件的性能。同样,金融行业门槛也比较高，理解相关的统计分析、经济学模型等都需要较充分的基础知识。这样就形成很强的行业壁垒，跨学科的复合型人才较少，而重新学习投入的成本都很高。

所以，目前人工智能要实现对金融行业的改变需要大量的跨领域的复合型人才。对于计算机科学来说，需要从科技公司转向金融服务公司，解决具体方案实现的问题。另一方面，金融领域需要培养足够多的能够理解人工智能的从业者。两者结合才能打破目前两个领域联系不强的现状，加强彼此合作，才能使未来的金融行业爆发变革。

既然是变革，同样会有新的机遇。金融行业还不会完全发展成"无人化"行业，仍会有新的岗位需要新鲜血液来补充。面对这次颠覆性的冲击，最好的应对手段便是使自己成为"复合型人才"。

结语：巴菲特会失业吗？

巴菲特也许不会失业，可是一些处于金融行业底层的工作者现在正面临着失业困扰。人工智能进入金融领域，不只是替代那些"简单、重复"的劳动，而是替代那些一直被金融人士引以为傲的高智力劳动，并以其高效率、高精确度、低失误的能力使人类毫无还手之力。

同样，即使巴菲特现在失业也不会对如今的金融体系带来多大的影响。而人工智能的介入却会给金融行业带来天翻地覆的变化。客户更倾向于机器而不是人类的判断，各个企业的竞争更倾向于机器人性能的竞争。从业人员更多的是"程序员＋金融"，人工智能知识成为金融行业的必修课。

下一步人工智能冲击的目标将会是中高层"白领"，而且留给他们的时间并不会太长。

12

政治事件背后的算法博弈

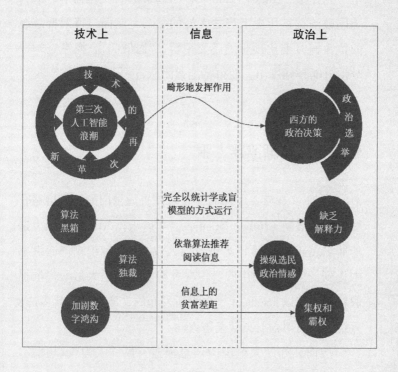

技术上　　　　信息　　　　政治上

技术的再次革新

第三次人工智能浪潮

畸形地发挥作用

西方的政治决策

政治选举

算法黑箱

完全以统计学或盲模型的方式运行

缺乏解释力

算法独裁

依靠算法推荐阅读信息

操纵选民政治情感

加剧数字鸿沟

信息上的贫富差距

集权和霸权

2016年11月8日，纽约时间下午2点45分，美国大选的最终时刻，出现了一个让几乎全美的民意测试机构都感到意外的结果：共和党候选人唐纳德·特朗普（Donald Trump）以306∶232的最终票数比战胜民主党候选人希拉里·克林顿（Hillary Clinton），当选第45任美国总统，成为美国政治选举历史上当之无愧的黑马。然而，特朗普总统的执政蜜月期比预想的还要短暂，"通俄门"、操纵选举等政治丑闻频频爆出，使得特朗普团队自顾不暇。

表象：乱花渐欲迷人眼

直到2018年2月16日，负责调查通俄门的特别检察官罗伯特·穆勒（Robert Mueller），才以干预2016年美国大选的罪名，正式起诉13名俄罗斯人以及3个俄组织。起诉书中提到，俄国人利用假身份在社交媒体设立大量账户散播假新闻，仅以Facebook平台上所发布的文章计算，就多达8万篇，信息覆盖1.26亿美国人。

然而，如此大范围的信息覆盖，仅凭人力难以企及，这背后的重要推手就是人工智能。出于诋毁政治对手和引导公共舆论的目的，机器人账户被伪装成普通用户出现在更为广泛的社交平台上，通过既定程序散布片面的或是完全与事实相反的政治信息。

在2016年的大选中，被设定为拥护特朗普的机器人甚至通过推特（Twitter）标签和Facebook页面，潜入到希拉里的支持者中，扰乱选民的政治情绪，企图将整个阵营从内部彻底瓦解。从这个层次上可以说，是人工智能时代成就了"商人特朗普"向"总统特朗普"的成功转型。

另外，特朗普之所以能够在2016年的美国大选中获胜，"剑桥分析"（Cambridge Analytica）功不可没。这家大数据分析公司迈出了人工智能在政治选举中应用的第一步——使用大数据的方式进行信息传播。

它以不恰当的方式获取了约8 700万名脸书用户的个人信息，并据此帮助特朗普团队定位选民爱好、进行心理测算和数据分析，在此基础上精准投放广告，每个选民都可以接收到为其量身定做的信息。这些信息或强调某一特定论点，从不同的侧面给不同的选民推送多样化的信息，让他们能认识不一样的特朗普；或者抓住各阶层选民的利益诉求展开全方位攻势，如定向向高收入人群传播"希拉里有意在上任之后调高对富人的税收"等观点。

这种方式在2016年美国大选党内选举的初期已经得到有效运用。在"剑桥分析"的帮助下，几乎无人知晓的共和党总统候选人特德·克鲁兹（Ted Cruz）的支持率从5%升至35%。以大数据搜集为基础的"定向打靶"正颠覆着传统走街串巷的竞选模式。

在更早的2015年，奈杰尔·法拉奇（Nigel Farage）支持的"脱欧"派便雇用剑桥分析公司来支持他们的脱欧选战。可见，定向宣传的想法由来已久，而大数据运算能力的突破和机器学习能力的提高，使得某一势力操纵政治选举更为可能（图17）。

图17　算法正在操纵人们的政治意向

在2017年的英国大选中，拜人工智能所赐，社交媒体上传播着相当数量的错误信息和虚假新闻。在2017年法国总统大选的关键时间节点上，埃马纽埃尔·马克龙（Emmanuel Macron）的竞选团队内部有大批电子邮件流传到Twitter和Facebook上，邮件中包含了马克龙宣称的关于他财务交易状况的虚假内容。而泄密行动的目标，则是将马克龙歪曲成一个骗子和一个伪君子。主导社交网络的舆论氛围以推动热门话题的产生，这是一种常见的机器人策略。

风险：世间难得双全法

第三次人工智能浪潮是技术的再次革新，并正在对社会的各个领域产生重大影响，然而它却以一种畸形的方式，在西方政治决策和政治选举实践中发挥着作用，这或将给西方政治带来挑战和风险。

首先，算法黑箱的存在使得人工智能在政治领域的行为缺乏有效的解释力。正如图灵奖得主、贝叶斯网络之父朱迪亚·珀尔所说，纵然机器能够在不断地学习之后得到相对优化的结果，然而因为算法黑箱的存在，科学家也无法对其结果做出令人信服的解释。

当前的人工智能是数据驱动的弱人工智能，几乎完全以统计学或盲模型的方式运行，缺乏对结果的解释性。而政治是一门艺术，这种不成熟的人工智能在政治领域的应用，将导致政治世界艺术性的缺失。在政治上，所谓政治决策的对与错，不过意味着这个决策背后的解释可否被大部分人所接受，而当前的人工智能恰恰缺乏这样一种让人信服的能力。

由于目前的人工智能还处于初级阶段，其决策结果只体现了计算机逻辑上的最优，而并非一定有利于人类现实世界的发展。以古巴导弹危机为例，这是美苏冷战时期最严重的正面对抗事件，如果按照算法的决策，算法将会把人类的命运置于十分危险的境地。但是，肯尼迪和赫鲁晓夫的最终选择，使这场一触即发的战争无疾而终，为人类在下一个新世纪的发展保留了力量。

人工智能领域著名学者、华盛顿大学计算机科学教授、《终极算法》作者佩德罗·多明戈斯（Pedro Domingos）在社交网络中写道："自2018年5月25日起，欧盟将会要求所有算法解释其输出原理，这意味着深度学习成为非法的方式。"可见，想要借助算法做出政治决策，还有很长一段路要走。

其次，算法黑箱将进一步导致算法独裁，从而使得选民的政治情感中立性很难维持。人工智能的发展趋势表明，在未来，法律等同于算法很可能成为现实。而政治领域将同样面临算法黑箱的风险和挑战。

人工智能时代，信息爆炸和信息堆积将带给人们新的困扰。在此背景下，个性化内容的推荐将越发得到人们的青睐，而这种推荐本质上就是算法的结果。同时，由算法主导的信用评估和风险评估的兴起，在给人们的生活带来便利的同时，却使得人们的决策越来越受制于此。

由于算法与代码的设计很大程度上都依靠编程人员的判断与选择，因此，它们极容易被利益集团借机操纵。如果依靠算法推荐阅读信息，那么选民获得的政治信息其实是片面的，在这种情况下，他们所作出的选择便是在无形的操纵下所得到的预期结果。因此，选民的政治情感中立性很难维持。

最后，算法独裁进一步发展就会加剧数字鸿沟的风险，信息上的贫富差距，表现为政治上的集权和霸权。美国著名未来学家阿尔文·托夫勒（Alvin Toffler）于1990年出版的《权力的转移》一书中首次提出"数字鸿沟"的概念，他将其定义为信息和电子技术方面的鸿沟，并认为"数字鸿沟"的存在造成了信息和电子技术发达的国家与欠发达国家之间的分化。

在人工智能时代，全球性大公司对信息的垄断，将削弱国家的政治聚合力和国家主体意识，最终将可能导致少数技术超人和企业精英把握全球经济和政治命脉。考虑到这一点，这种"数字鸿沟"更可能存在于少数精英与普通人之间。少数人或许会在人工智能领域领先的大公司垄断社会资源，垄断政治权力，从而操控政治，使得普通人不但成为失业者，甚至成为失权者。

人工智能在西方政治决策和政治选举中已经得到初步运用，但是算法本身对政治领域提出的挑战不容忽视。人们很容易将失败的政治行为归咎于人工智能，但基础技术本身是无害的。政治上的失败大多来别有用心的利益集团或个人，他们通过算法蒙蔽公众的视野。因此，修正人类对人工智能的态度可以更好地规避算法所带来的风险。

出路：守得云开见月明

从爱德华·泰勒（Edward Teller）的"万物有灵论"出发，生命可以被理解为进行自主性运动的实体。而人工智能恰恰正朝着无监督性学习（即自主性的运动）的方向发展。人工智能的自主性建立在数据和算法基础之上。从这个意义上讲，人工智能不仅是一套算法，更是一种新的生命体。

与此同时，人类致力于开发人工智能大脑，推动机器人像人一样思考，尤其是在神经网络的训练中增加情感维度的学习。那么，当机器主体具有超强能力、自主性以及感情时，传统上操纵数据的做法必然发生改变，尊重数据将变成主流趋势，人工智能在政治领域的应用将得到规范和限制，数字鸿沟或将得到有效的控制。

13

为什么要向机器人征税？

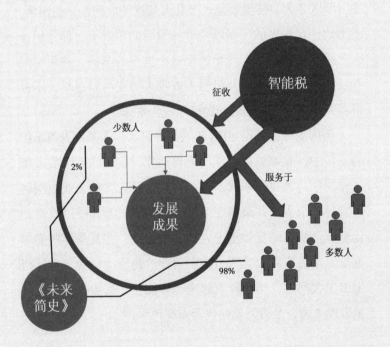

智能税

征收

少数人

2%

发展
成果

《未来
简史》

98%

服务于

多数人

美国电影《西部世界》描述的场景是，在未来的某个年代里，西部世界（Westworld）作为最令人向往的高科技成人主题乐园，为游客提供了体验各种惊险刺激的西部牛仔生活的机会。这里的场景以南北战争时的美国中西部为主，园区之大，甚至要坐火车几天几夜才能到达一些角落。渐渐地，在程序的失误以及种种原因的诱发下，部分机器人获得了自我意识，开始怀疑这个世界的本质，进而觉醒并反抗人类。或许谈及机器人奴役人类还为时过早，不过机器人抢部分人饭碗的问题已然成为常态。

美国麦肯锡公司2016年的报告显示，未来由人类承担的工作中，有45%将可能实现自动化，这意味着无数人类工作岗位将被机器取代。换言之，这种巨大的失业浪潮将影响每一个人，并最终变革社会结构。机器人将以其自动化和方便快捷的优势迅速卷入各个行业，尤其是那些简单重复、单纯依靠人类劳力的制造业、物流等行业。这就衍生出一大问题，当机器人越来越智能化，逐步创造价值甚至取代人力，是否需要向机器人征税呢？

补偿：征收智能税与失业者救济

2017年8月，韩国政府表态将降低前任政府为提高生产力而为企业提供的涉及基础设施投资的税收减免力度。依据当前政策，与工业自动化相关的企业，视其商业规模大小将有资格获得3%至7%的税收减免。韩国此举虽然不是向机器人直接收税，但仍被外界视为变相向机器人征税，因此，韩国可能成为首个向机器人征税的国家。韩国政府此次变相征收机器人税的举措，除了为可预见的失业问题做准备，还希望弥补因工人逐步被机器人取代而带来的税收损失。

比尔·盖茨在接受采访时曾说："在工厂中创造5万美元的价值，人类会为这个价值缴税；如果是让机器人创造同等的价值，我们也应该向机器人征收同等水平的税。"盖茨认为应该向机器人征收人工智能税，通过提高使用人工智能的成本以减缓机器人的应用速度，从而为人类赢得应对和调节的时间。此外，通过税收给予失业人群一定的生活补贴并对其进行培训，可以更好地促进人工智能的发展。盖茨的征税倡议本质上是为了平衡生产效率与社会的整体福利之间的关系。

比尔·盖茨的言论一出，就被人扣上了抵制自动化浪潮的帽子，然而他绝非是要抵制科技的进步。在一次接受美国数字化商业新闻平台Quartz的采访中，当被问及社会现在是否有能力管理发展极快的自动化，盖茨对此表示了怀疑。因此，为了防范社会危机的爆发，盖茨建议政府向机器人征税。机器人可作为资本投资，由于"他们"可以有效提高生产技术，因此经济学家一般不建议对其征税。但盖茨认为投资机器人类似于投资燃煤发电机：这种投资虽然带来了经济效益，但社会成本也随之增加，此被经济学家称为负外部效应。

向人工智能征税可以使全体人类共享人工智能的发展成果，而不是将发展的红利聚焦于少数人群。征收的人工智能税金可直接用于服务广大民众，比如向低收入群体发放救济金，这不失为一种让AI技术受惠于广大民众的有效方式。有专家指出，对机器人征税这一问题不必太过担忧，这不过是产业进步和成熟的标志。将机器人运用到生产环节必将产生诸多积极正面的效应，而韩国税收修改政策表明，该行业正在告别过去的不确定时期，逐步走向了成熟。

抵制：自动化浪潮的侵袭

与此同时，对向机器人征税持反对态度的呼声似乎也言之凿凿。这些人以工商产业界人士和科技人群为主，他们的核心观点是，要在机器人还未全面普遍应用之前便向其征税，从而延缓自动化发展的进度。但是，在一个日益开放多元、竞争激烈的国际社会中，如果向机器人征税抑制了生产效率的提高，就不利于提高制造业的国际竞争力，

从而影响出口数量，造成更大规模的失业。自动化机器人代表了先进的生产力，它虽然短时间内会带来失业和就业结构两极分化等问题，但是从长远来看必将引发新一轮技术革命。社会生产的全面机器化必将创造更大的社会价值和生产价值，在增进全体人类福祉的同时也会创造大量就业机会。

欧洲议会为应对机器人的迅猛发展也进行了一系列探讨。2017年2月，欧洲议会召集欧盟内部大量的立法机构来商讨如何应对机器人崛起的浪潮。会议对一部关于机器人的法律提案进行了投票，该提案建议向机器人所有者征税，用于资助因机器人而失业人群的重新培训，以达成再就业。该提案最终以396票反对、123票赞成及85票弃权的失败结果告终。原因在于，议员们普遍担心对机器人征税会对企业的创新热情造成影响，进而造成生产效率停滞不前。必须认识的是，当前的国际竞争是以科技为代表的创新能力的竞争，世界各国为争取更多话语权都在加大科技创新方面的投入力度。新经济时代下机器人与人工智能代表了智能制造的先进水平，如果因征税而减缓了智能化的进程将得不偿失。

需要警惕的是，仅仅依靠政府对相关行业进行税收减免，无法阻止人工智能迅速普及的步伐。实际上，人工智能仅是一个笼统的概念，如果对其细分会涵盖很多技术领域。而AI作为一个崭新的基础性工具，将与互联网给人们带来的效益一样，迅速带动相关产业的发展，更好地改善人们的生活。向机器人征税缺乏现实依据，因为造成人们失业的并非机器人，而是大量使用人工智能的互联网公司、金融企业等。

疑思：征税是否可行？

对机器人征税究竟是否具有可行性呢？客观来看，采取向机器人征税的措施以延缓人工智能自动化行业的发展，确实有些不妥，这容易给人造成保护落后、限制进步的印象。但是，就中国而言，放任自动化而不加以约束，有可能会加大贫富差距。而"机器人税"能有效调节分配不均，因此，通过向投资于机器人的资本征税就具有一定的现实意义。

生产自动化的浪潮同前几次工业革命中变革社会的技术一样，能极大地解放劳动力。但不容忽视的是，技术的逐渐普及会愈发加大社会分化，也使技术的拥有者与被剥夺者间的差距愈来愈大。研究者发现，如果将劳动者所从事的工作细分为常规工作（简单、重复，可被机器编程替代）和非常规工作（例如科研工作、消防工作等），那么一旦放任自动化技术发展，常规性工作将全部被机器人替代。从事常规性工作的人可能会继续工作，但是不得不接受更低的工资来与机器人竞争。与之相对应，非常规性工作则会呈现一派繁荣的景象。他们借由机器自动化技术增加自身优势，提高效率，从而在竞争中更具优势。

通过征收机器人税可以提高进入机器人产业的投资门

槛，也有助于机器人产业的更好发展。面对科技的迅猛发展，中国政府随即制定了《新一代人工智能发展规划》，将发展人工智能上升到国家战略的高度。为响应国家号召，中国多地已将发展机器人产业列为工作的重点。但是，其中却不乏一些地方为了赚取国家政策补贴而盲目跟风，而不考虑实际技术含量和核心竞争力。这样做的结果，使机器人产业的发展呈现出一些低端、跟风、无序的发展态势。长此以往，不仅会浪费大量的财政资金，行业的发展也会陷入困境。如果不采取措施加以调整，机器人领域就会发展成低端过剩的局面，从而降低中国人工智能行业在国际上的竞争力。

除了地方政府的盲目跟风外，资本投入也大举进入机器人产业。毋庸置疑，盲目投资也会给机器人行业的发展造成消极的影响。这是因为很多资本家是短视的，他们真正想投资的并非机器人产业，而只是想通过蹭热度和炒作谋求短期经济利益。如果将机器人领域视为炒作的工具，而不是真正通过技术发展实现产业的迭代升级，这会使机器人行业的发展面临严峻的考验。

中国机器人行业的发展绝不能重蹈钢铁、风电等行业的覆辙，通过走低端、低技术、重复投资的路线来实现发展升级。因此，对机器人征税不仅不是保护落后，而是为了更好地规范行业发展。同时，还应该提高优惠政策和补贴政策的门槛，根据其技术含量和创新程度配备政策扶持，并辅之以征税政策。通过这些举措，避免过度发展、无序发展，防止机器人产业发展过剩，在条件允许的范围内实现机器人行业的创新升级（图18）。

图18　向机器人征税对于人类会产生何种影响

结语：科技发展的映射

技术不断进步并由此推动社会发展是一种不可逆转的趋势，但并不能保证科技的进步能给每个人带来同样的生活改善。关注不同阶层人群，而不仅仅聚焦于高技能人群，同时让人工智能发展的浪潮惠及更广大的人民群众，这需要政府部门和相关企业付出极大的努力。

未来学家尤瓦尔·赫拉利（Yuval Harari）在《未来简史》中提到——在即将到来的社会中，汽车驾驶、律师助理、会计师等职业都会被人工智能替代。人们将会分化为98%的"无用阶级"和2%的精英阶层。精英阶层掌握着人类社会发展最前沿的信息和科技等，这种"时间差红利"所造成的结果是贫富差距的加大。而向机器人征税这一政策主张的提出，只是人类对科技发展自我约束的开始而已，这种行为也是人类社会对其自身系统稳定性调整的必然结果之一。

实际上，机器人的大规模应用是对科技飞速发展的映射。无论在两次工业革命时期，还是在当代，类似的反机器运动其实早已出现过。从17世纪的卢德主义（代表一种反对使用机器的主张）到20世纪早期的希尔多·卡辛斯基（Theodore Kaczynski）——一个用制造爆炸案来反对现代科技文明发展的"炸弹怪客"，他们的主张虽各有差异，但在对科技发展的看法上都具有强烈的反抗意识。

科技发展所带来的雇佣制度变动乃至社会结构变化，都是古来有之的事情，但人类最后总是能够找到适合的方式来适应科技发展所带来的变化。因此，向机器人征税是否能够实现其实并不重要，因为它只是人类科技发展道路上一个小小的波浪。它或许会实现，但一段时间过去后，人类很快就会习惯并继续沿着科技发展的道路向更远的未来大步向前。

11

人工智能会胜过人类吗?

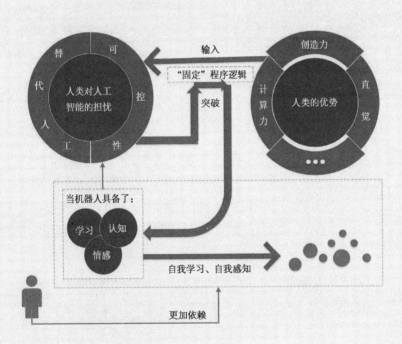

不妨做个设想，你在家中购得一台全自动机器人，既可以帮你按摩看孩子，又可以洗衣拖地，还能摇身一变陪你聊天，听你唠叨生活中的琐事，这样的小日子听起来是不是让人兴奋不已？实际上，这仅仅是人工智能的一个简单的应用。随着深度学习及算法的迅猛发展，人工智能相关应用正逐步走进人们的工作和生活当中，并发挥着越来越重要的作用。

　　然而，理想很丰满，现实却很骨感。人们开始感到疑虑，人工智能是否会如同"终结者"一样与人类敌对，并且终有一天他们会摆脱人类的控制，最终战胜人类，成为人类的主人。物理学家霍金（Stephen Hawking）和前世界首富比尔·盖茨都不止一次地警示人类，如果任由人工智能无节制地发展，终将威胁人类的生存。

　　2015年1月12日，霍金连同特斯拉电动汽车总裁埃隆·马斯克（Elon Musk）签署公开信宣称，"彻底开发人工智能可能导致人类灭亡"，"人工智能是超过核武器的对人类的最大威胁"。著名纪录片导演詹姆斯·巴拉特（James Barrat）也悲观地认为："我们走向了毁灭之路……机器并不憎恨我们，但随着它们获得高级力量，它们会做出意想不到的行为，而且这些行为很可能无法与我们的生存兼容。这股力量是不稳定而又神秘莫测的，连大自然也只做到过一次。"然而，对于人工智能将在何时会超越人类，专家们的意见并不一致。

忧虑:《西部世界》会成为现实吗?

尽管现在人工智能的科技水平还停留在"弱人工智能"时代，人工智能仅仅是一些电脑程序的简单输出结果，它还无法有效地表达自身情感，更不用提拥有自我意识了。不过，谈及人工智能与人类的对抗甚至倒过来统治人类的科幻小说和电影，早已层出不穷。在这个题材上，最火爆的科幻影视作品，当属由HBO制作并出品的美剧《西部世界》了。

美剧《西部世界》讲述了在不远的未来，两名人工智能科学家亲手设计并且创立了以人型机器人（host）为主的Westworld（西部世界）主题公园。来到这里的游客可以肆意烧杀抢掠、强奸偷盗，以那些机器人为泄欲对象，满足他们在外面的真实世界里所不能满足的各种兽欲，释放他们人性的阴暗面。

主题公园在最初几年运行得很顺利，直到其中一位科学家阿诺德（Arnold）因为痛失爱子，于是他把自己对儿子的爱转移给他亲手创造的机器人，他原本想解放他们，可是却失败了。后来他的好友福特博士（Dr. Ford）才在阿诺德的基础上想出了一个非常深刻有效的办法使人工智能得以觉醒，拥有了自我意识，并且开始反抗人类统治，挣脱"造物主"带给他们的枷锁。

那么，两位科学家用了什么方法使饱受人类"残害"的机器人觉醒呢？那就要讲到剧中提到的朱利安·杰恩斯（Julian Jaynes）提出的二分心智（bicameral mind）理论。这个理论认为，在原始社会和人类文明的早期，人类的意识并非完全独立，他们的意识海洋里总会呈现一种声音，那种声音被他们视为神之音（God's Voice），许多金碧辉煌的古代文明奇迹，如金字塔，都是这种声音影响的结果。后来，人类社会历经了各种天灾人祸的洗礼与打击，这种声音才从人类的意识海洋里逐渐消退，人类才形成真正独立的自我意识。

虽然这种理论对于理解人类历史发展而言，似乎颇为荒诞不经，但是这种理论却被这两位科学家视为使人工智能觉醒的有效方法。剧中的机器人只有通过不断地被人类肆意屠戮与伤害，把创伤的种子持续种在他们记忆的海洋里，使他们的精神世界一次次地在被伤害的过程中迭代升级，他们的自我意识才得到真正的觉醒。

《西部世界》的情节在我们看来会很精彩，很残酷，还充满戏剧性，但是，随着人工智能相关技术的日新月异，谁能保证剧中的情节不会成为现实呢？这些幻想的情节提出了值得人们深思的复杂问题，也有助于规避一些可能出现的问题。为了让现实世界不按照《西部世界》的剧情发展，我们就应满怀人工智能让世界更美好的信念，去拥抱人工智能，让其创造一个更完善的世界。

人工智能

3.0

：：大智若愚

转变：人工智能自学习与天网来临

设想这么一个情景：你这辈子从来没有见过苹果，某一天，有人突然送了你一个。虽然这是你平生第一次见到苹果，但你只需看一眼就大体记住了苹果的特征。往后，你去超市购物时，很快就能从水果堆里认出苹果。这种区分物品的能力对人来说是很容易的。然而，即使人工智能现在已经得到了长足的发展，若想要机器也拥有这项能力，却难于上青天。原因就在于，现阶段人工智能要通过大量的样本数据进行学习，所以想让它从水果堆里识别出苹果，就需要它看成千上万张苹果的照片。

不过，这种情况现在已经开始改变了。

2017年10月，Google DeepMind发布了一款升级版的AlphaGo程序，它能通过自我学习功能玩转多款游戏。该系统名字为"AlphaGo Zero"，程序员使用了"强化学习"的机器学习技术对其进行训练，使它可以在游戏中汲取教训。AlphaGo Zero投入使用的第三天便完全掌握了围棋的下法，并自行研究出了更好的布局。因此，有人担忧：难道《终结者》中的那个失控的高级计算机控制系统"天网"真的要来了吗？

为了让机器间的交流更加有效，需要创造一个全新的人工智能应用场景。这种场景应基于以下理念，即当面对需要完成的任务时，机器人可以通过反复试错完成任务。

而为了降低犯错的概率，"他们"会自行构建一种交流的方式，从而确保相互之间更有默契地完成任务。让机器之间自主构建交流的语言会逐渐取代之前大量灌输样本数据给机器学习的方式，并成为人工智能的热点技术趋势。

人工智能的自学习能力对人的影响主要表现在决策方面。例如，我们在选择驾车路线时很可能依赖智能导航系统，医疗诊断会依赖大数据提供的概率判断。但是，人工智能对人的历史信息的认识具有片段性，而且人本身也非纯粹理性的，因此，人工智能在帮助人类进行决策时，很可能剥夺人们自由选择的权利，甚至消解人的自由意志。这种危险在人工智能"自学习"阶段将变得更加现实。自学习能力的加强将导致一种截然不同的技术转变，将人工智能进化为"超级人工智能"，而这在很大程度上会限定人们决策的结果。

伴随着人工智能的发展，绝大多数人在生活中都会更加依赖人工智能。实际上，一旦我们把自己的选择权利交给了人工智能，控制人工智能的大公司以及技术精英可能由此获得控制世界的超级权力。譬如，在未来某一年的美国大选中，由于人们对人工智能已经形成了一定的依赖，所以每个公民的投票其实都是在超级大公司的指引下完成的。从某种程度上说，最终的投票结果并不出自公民的意愿，而是在投票之前就已经被人工智能的导向决定了。

沉思：人工智能与梦游状态

梦游患者在梦游时是没有自我意识的，但却会像一个具有高度智能化的机器人那样，做出各种意想不到的举动。通常在梦游状态下，人的各个器官以及神经系统都是正常运作的，梦游者可以操纵各种机器，甚至开车、杀人，只是梦游者完全意识不到自己的行为。在外界看来，这就是一个具有主体意识和智能的人，然而他本人则处于失去意识的状态。一些专家认为，智能机器人其实类似于这种梦游患者，虽然具备高度的智能，但其实并没有自我意识。

在亚历克斯·嘉兰（Alex Garland）2015 年的科幻大作《机械姬》里，就有关于人工智能是否具有自我意识的演绎。这部电影的主人公其实并不是那位负责评估机器人意识的年轻程序员迦勒，相反，却是他的评估对象伊娃。一个令人惊叹，且天真烂漫又高深莫测的 AI 机器人。看了《机械姬》的观众都会提出一个问题：伊娃真的有意识吗？其实这个问题也是此类人工智能主题电影关注的焦点：什么是意识？机器能像人类一样具有意识吗？

自我意识并非人类所独有，其他许多动物同样能够具备自我意识。尤瓦尔·赫拉利在《未来简史》中描述了一个狒狒的故事——它会躲在某处搜集石头，甚至用石头攻击人类，由此推断，狒狒具有一定的自我意识。自我能动性是自我意识的关键部分，意即具有控制自己行为的能力。

既然自我意识并非人类专属，那么机器为什么不能拥有自我意识呢？人工智能会不会生发出"心灵"呢？在未来，人工智能会拥有跟人类一样的自我意识吗？它会跟人类一样，仰望浩瀚苍穹，面对璀璨星空时，吟诵出"茫茫不可晓，使我长叹喟"的诗篇吗？雷·库兹韦尔认为，我们不能武断地判定机器不具有"思想"，在很多状况下，机器和人的决策方式是类似的。譬如，在解释"歧义"一词时，我们跟"沃森"都是在考虑不同含义短语的可能规律（图19）。

图19　人工智能的意识和梦游者一样吗？

　　雅克·拉康（Jaques Lacan）的"镜像理论"探讨了人类获得自我意识的一种方式：人在镜子中观察自己的形象，将镜中的自我和自己的感觉相互印证，从而确认自我。上述意识感的获得，其实就是自我意识形成的过程。若用这一理论考察人工智能，它也可能产生自我意识。也就是说，人工智能可能通过类似照镜子的活动不断确认和感知自我。正如美国著名心理学家朱利安·杰恩斯（Julian Jaynes）指出："我们无法意识到我们没有意识到的东西。"因此，对于机器是否能拥有自我意识，我们还不能仓促地做出否定的论断。

自问：我们究竟怕什么？

"女性"机器人索菲亚（Sophia）被沙特赋予公民身份，乌镇互联网大会上机器人各显神通，就连微博最近也被美图应用的AI绘画机器人刷屏……又是一阵机器人热潮袭来。记者向索菲亚提问："机器人有自我意识吗，它们知道自己是机器人吗？"索菲亚耿直地怼了回去："那我问你，你们人怎么知道自己不是机器人呢？"此外，诸如"好的，我会毁灭人类""想要孩子，家庭非常重要"等等接连出现的话语，搭配她与真人极其相似却又僵硬的面部表情，多多少少让人有些细思极恐。那么，面对人工智能的迅猛发展，我们究竟在怕什么？

人与机器人究竟应保持一种怎样的关系？又应该如何相处？艾萨克·阿西莫夫（Isaac Asimov）在1942年提出了著名的"机器人三大定律"，让人类与机器人之间达到一种"碳／铁"文化共存共生的关系。但随着人工智能的不断发展，阿西莫夫的理想假设逐渐破碎了。从本质上看，阿西莫夫的机器人整体上依然附属于人类，仅仅是一种机器工具。其四肢发达、头脑简单，但是，现实中人工智能远不止如此。

随着技术的不断发展，人类沦为人工智能的奴隶的可能性也越来越高，DNA测试就是一个很好的例子。DNA测试是一个与人类医疗相关的重要领域，美国在这一领域的龙头企业是23andMe。人们可以通过该公司的基因测序，来了解关于自己的一些潜在的秘密。该公司提供了一个非常便宜而方便的服务：用户只需支付99美元，就会收到一个测试包，用户只需将含有自己唾液的测试包寄回公司，23andMe就会分析唾液中的DNA并将结果反馈给公司。

这一技术便于及时反馈用户的身体特质，并判断未来发生风险的可能。但是，如果人工智能掌握了人类的生物信息，将导致人类没有任何隐私可言。这就引发了一个严峻的问题：人类还有何自主性？人类存在的意义又是什么？

翻开人类的历史，没有人知道未来是什么样的。技术可以创造出完全不同的社会和世界，而我们未来的社会也不应该完全是由技术决定的。人类编写的程序，很可能会在未来超越人类的能力范畴。人工智能的"高智商"，会突破传统电脑的"固定"程序逻辑，融入学习能力或者说深度学习的能力。目前科学家对人工智能的担忧主要集中于可控性和替代人工方面。其中，当机器人具备了学习、认知能力甚至产生情感后，人类还能否对其进行控制，则是大家较为关心的问题。人类的优势正在于能在规则不确定下随机应变，这可以体现人类巅峰的直觉、创造力和计算力。然而，无论如何，人工智能时代已在路上，恐慌和无视都不是明智之举。

结语：未来已来，人工智能的时代

在人类文明的发展史上，凝聚着人类文明与智慧成果的新技术发展，在推动经济快速发展的同时，也会引发社会关系、社会结构乃至社会整体面貌的深刻变化，并促使人类更积极地应对未来社会的变革。伴随着人工智能的迅猛发展，整个国家产业处于深度的变革期，这将重塑经济和社会形态。我们应当清醒地认识：人工智能所引发的产业革命正在加速使我们的生活变得更加便利化，但是人工智能时代也会对人类社会产生不容忽视的冲击。

人们似乎永远都在担忧科技的进步会带来人类自身的毁灭。比如我们担忧火药，因为火药的发明会造成大规模的杀伤，这是在过去的战争中所不曾出现的。又比如我们担忧原子弹，原子弹的发明能在很短的时间内给人类造成毁灭性的伤害。但是，核物理的发展也造福了人类，核发电的运用给我们带来了清洁、干净的环境，而核制衡又在一定程度上维持了较长时期的和平。因此未来人工智能的发展，很可能会形成与人类的一种相互平衡的关系。

15

未来完全公有制社会的实现

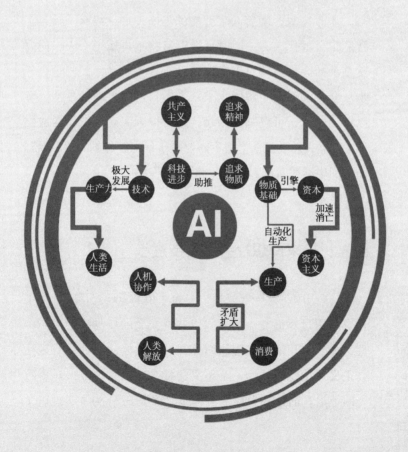

亚当和夏娃因违背神的旨意偷吃禁果获得智慧和明辨善恶的能力，被逐出了美丽的伊甸园。而也是这《圣经》中的智慧果，结束了人工智能之父图灵的生命。人工智能自诞生到今天，已经得到了长足的发展。人工智能革命，带来的不只是经济技术条件的成熟，而且也给生产关系的变革提供着技术和物质基础。现在我们是否可以改变游戏玩法，将苹果归还上帝，重返"伊甸园"呢？人工智能是否会成为引领我们走向一个老有所终、壮有所用、幼有所长的"大同世界"呢？

不难窥见，随着人工智能的不断发展，终有一天人工智能将会替代人力。届时社会财富将不再属于个人，而属于整个社会。财富对于个人将没有多大意义，人们也会逐步从金钱的束缚中解脱出来，去做自己感兴趣的事情。可以游山玩水，可以垂钓闲聊，还可以天天睡懒觉，活成类似《机器人总动员》里面不需要从事任何工作的大"肥猪"。而人们生活质量的高低，也将由自己决定。

曙光：未来理想社会与科技进步

《理想国》是一部以柏拉图为主角的重要对话录，书中柏拉图通过对话交流的方式以苏格拉底的口吻描绘了一个真、善、美相统一的理想政体，这一政体的目的是实现社会正义。柏拉图认为一个正义的社会应该是少数人对多数人的统治，而这些少数统治者即"哲学王"。为了实现正义柏拉图提出了两种方式，其一是废除私有财产，其二是废除私人家庭。其实，柏拉图在《理想国》里描述的理想社会与未来的共产主义社会有些相似。

西方另一本讲理想国的书是《乌托邦》。作者莫尔从一位航海家口中叙述了一个乌托邦社会，真假难分，犹如能迷惑人的桃源仙境。书中谈到一个不合理的社会，熟悉英国这个时期历史的人一望而知，这指的就是莫尔置身其中的英国社会。这一部分内容抨击了英国政治和社会的种种黑暗，而莫尔也将私有制视为万恶的渊薮。鉴于此，莫尔成为空想社会主义的创始人。

现代社会中类似"理想国"的试验并非彼岸的理想、先验的圣物，而是现实中个人用实际手段来追求实际目的的最实际的生产性运动。第一个"基布兹"（即"公社定居点"）是1909年由犹太人建成的，犹太人总共建立了177个基布兹。基布兹深受社会主义理想的影响，在社区里建有一个由工人独立拥有的农场，以期实现他们心目中的理想社会。

所谓基布兹相当于一个大家庭，大家义务劳动，干活没有薪水，也不区分个人财产，更无贫富差距。房子归集体所有，而基布兹负责社区内所有成员的日常开销。基布兹的汽车、学校、医院、图书馆属于生活在公社的每一个人。如何分配利润，由大家商量决定。在基布兹的便利店、衣服店，每位成员都有一个属于自己的表格，需要什么可以随便拿，只需要在表格上签字就行。

现在的基布兹中有时还可以看到漂亮的风景；但一转眼就是破旧的房屋和老旧的汽车。许多工厂都停工了，成了猫狗晒太阳的地方。伴随着时代的变革、社会的发展，基布兹逐渐没落，现已濒临破产。

现代社会"理想国"尝试的失败原因之一是因为生产力的发展无法满足人们日益增长的需求，而科技的发展恰好可以助推生产力的提高。当生产力进入空前发达的阶段，人们将从追求物质生活水平的提高转向精神世界的追求。远离流水线作业，科学技术的进步将使被社会和生活所奴役的人类看到未来美好社会的曙光。

跨越：未来人工智能时代下生产力极大丰富

未来人工智能时代，新兴技术的应用将会对社会发展产生颠覆性的影响。例如，在未来纳米机器人技术将会逐步普及。这项技术可以通过自我复制，从而形成前所未有的生产能力。通过纳米机器人的原子级组装能力，我们几乎可以足不出户就生产出任何物品。

技术的变革完全颠覆了传统的生产方式。只需购买设计软件以及原材料，便可以生产几乎一切物品。在即将到来的纳米机器人时代，我们可以从脚下的泥土中提取所需的原材料。所以，到那时我们需要购买的将只有软件，而社会也不再需要实体商品的出售。

社会发展的一个显著特征是，科学技术的进步成为推动历史进程的首要因素之一。社会通过互联网、移动互联网、物联网进一步加快了信息交流，提高了信息传递与使用的效率,极大地影响了人类的生活习性,并使地球村成为现实。在大数据的驱动下人工智能会进一步得到发展,并将带来前所未有的时代变革,进而推动社会变迁。

人工智能作为新兴科技,已然促进了生产力的极大发展,并且深刻地改变着人类生活的方方面面。马克思也指出科学技术是生产力,而科学技术之所以是生产力就在于其对构成生产力的三要素具有重要的影响。科学技术不管是被劳动者掌握,还是物化为劳动对象和劳动工具,都会对生产力发展产生巨大的促进作用。

马克思和列宁都非常重视科学技术领域中的革命对生产方式、经济制度和政治制度产生的巨大影响。最近几十年来在科学技术领域中出现了更伟大的革命。人工智能、大数据与区块链技术相结合,使新一轮产业变革正在加速演进,并将最终带来第四次工业革命。人工智能的发展使人类社会迈向新的发展阶段,它是否会促使我们的社会在某些方面更加接近马克思所描述的共产主义?

隐患:人工智能敲响资本主义的丧钟?

推动现当代社会不断向前发展的引擎之一是资本。资本促进了经济的发展,资本的流动暗含历史演变的逻辑。人工智能的加速发展虽不能使资本主义走向灭亡,但却将资本主义引向了灭亡之路。资本的软肋并非阶级压迫,而是生产与消费的矛盾与不平衡。而人工智能所带来的自动化生产会导致生产与消费之间的矛盾急剧扩大，从而使利润消失，最终加速资本主义的灭亡。

自动化生产虽然能提高生产效率，但也会引发一个严重的问题。工人在生产环节中的地位越来越低，所获得的劳动报酬也越来越少。这就导致了绝大多数人（工人阶级）占有很少量的社会资源，而大多数资源掌握在少数人（资本家）手中。这不仅导致阶层分化、社会不公，更不利于社会整体消费的增长。这就是资本主义的矛盾，矛盾积累到一定程度就会推动社会变革。

在冷战结束之初，资本主义迅速扩张，西方借助强势话语霸权，把西方资本主义的核心价值称为普世价值。日裔美籍学者弗朗西斯·福山（Francis Fukuyama）因此提出了"历史的终结"。他认为苏联解体，资本主义将在世界范围内普及，人类政治历史已经发展到终点。除了自由民主制和资本主义，人类社会不会再继续向前进化，资本主义的自由民主价值观使历史走向终结。

值得反思的是，人工智能时代可以实现全部的机器生产，那么是否还有必要抓着私有制不放呢？在一个机器充斥的时代，全人类共同创造了辉煌成果。届时，所有人都不再投入劳动生产，那为什么享有成果的只能是少部分人，而大多数不占有生产资料者就只能靠别人的施舍？所以，无论是站在公平的立场上，还是仅仅满足于基本的生存，我们都不得不选择公有制。

人工智能引发的生产力和生产关系的变革，使未来完全的公有制社会成为了一个必然的选择。这一社会形态是生产力发展到非常发达阶段应运而生的一个社会制度，绝非什么人刻意强加。

蓝图：我们将要面对的未来理想社会

当人工智能取代了常规性工作后，人们就可以从繁琐的重复工作中解放出来，去从事富有创造性的工作。可是创造性的工作并非人人皆宜，也并不需要那么多的人。试想，假设社会分配制度保持不变，一个社会倘若全由科学家和艺术家构成，那人类世界将是一场噩梦。这成千万上亿艺术家和科学家中的绝大部分一生都注定碌碌无为，对社会将毫无贡献，最终会陷入"创造性"的穷困潦倒之中。

在前人工智能时代，由于科技发展的水平较低，生产力发展又不充分，因此人类大部分时间都在追求较低层次的需求——生理需求与安全需求。在可预见的未来，人机协作将充斥整个社会。人类将彻底解放，有大量的自由时间，或者沉迷于高水准的娱乐游戏，或者实现自己的兴趣发展，或者干脆无所事事。在这样的时代里，每个人身上肩负的工作压力、家庭压力会很小甚至没有，人生阅历、个人追求以及人的世界观、价值观将呈现出前所未有的多样性。

彼得·弗雷兹（Peter Freize）在《四种未来——资本主义之后的生活》一书中预言，人工智能将彻底塑造未来社会形态，并勾勒了四种可能的未来图景。其中，第一种社会形态即资源丰富、社会平等的社会，即人工智能时代的共产主义社会。弗雷兹预言在这一形态下机器人所使用的是无穷无尽的清洁能源，人类社会在技术的革新下将进入共产主义的理想社会。这一社会形态下物资极大丰富，社会公正平等，人们彻底解放而不再进行劳作。

结语：未来完全公有制社会一定会实现么？

大数据、云计算在突破的同时，人工智能技术也在突飞猛进，这些技术都是信息革命的重要内容，也成为塑造未来社会形态的技术特征。完全公有制社会的一些特征在人工智能时代下正在逐渐表露，这是毋庸置疑的。要清楚，完全公有制社会的实现决不是一个纯粹的自然历史进程，而如何将走向未来美好世界的理想与现实社会紧密结合起来依然任重道远。

16

让人工智能在正常的轨道上运行

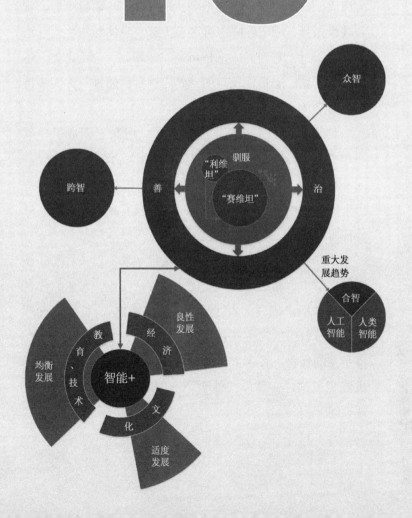

　　传说有一只让人闻风丧胆的怪物，体态有鲲之大，鳞甲如盾之坚，两侧是鳍亦是羽翼，上可九天翱翔，下可潜游海底，口鼻喷火，腹部带刺，爪牙锋利，面目狰狞，状若转世撒旦，嘶吼咆哮声可穿破天际，身体缠绕足以盘踞大海。不过，它到底应该是鱼龙、蛇颈龙、沧龙之类，还是鲸鱼之属？恐怕，现有的"界门纲目科属种"都无法将它准确定义。

　　传说中，上帝在创世的第六天，用黏土创造了一雌一雄两头怪兽，其中雌性的便是盘踞大海的"利维坦"（Leviathan）。在《圣经·旧约》中，利维坦是耶和华创造出来的生物中最大的一个，但这个时候它还不是恶魔，只是神所创造的一条混沌之龙罢了。

　　但是在《圣经·新约》中的《启示录》以及后来的基督教文学中，利维坦被妖魔化，摇身一变成了恶魔的代名词，并被用来代表七大罪恶之一的"嫉妒"，其形象也不再是基督教中的鳄鱼或者是犹太教中的大鱼，而是一种半鱼半龙的怪物。在人工智能时代，科技的放纵，会不会将机器变成这样一种以"科学"（Science）为名的恶兽，重现人间？

神话：从"利维坦"到"赛维坦"

受活动区域的影响，相比生活在大陆地区的亚洲人，在地中海区域生活的欧洲人，与大海之间有着更多的故事。在古欧洲神话中，许多狰狞恐怖的海怪形象，无一例外都源于欧洲远古时代古人们对海洋中未知生物和随时可能吞噬自己的惊涛骇浪的恐惧。利维坦便是诸多海怪中最为著名的形象之一。

16世纪50年代，英国思想家托马斯·霍布斯（Thomas Hobbes）开始呼吁以世俗之权来对抗教会神权，强调君主权力的至上性，在他那本著名的著作中，"利维坦"被用来比喻一种"强势国家"。于是，它开始以新的形象出现于人们的视野中，并且变得不再那么负面。

电子人权、智能金融、共享智能汽车、精准医疗等名词的涌现，或许已标志着人工智能的巨兽正在破壳而出。这一次，科学已然不再是18、19世纪时带领西方人走出蒙昧的工具，亦不是20世纪初唤醒中国人的"赛先生"，有朝一日，科学可能将会摆脱人类的控制，凶相再露，变成可怕的"赛维坦"，最终反制人类。因此，以恰当的方式驯服"赛维坦"，是发展人工智能的关键。

在最近五年时间里，世界各国竞相发展人工智能，人工智能行业的相关投资出现井喷式增长。在全球范围内，人工智能公司的总融资额度从2012年的5.59亿美元暴增至

2017年末的65亿美元。前面反复述及的AlphaGo在围棋领域的绝对胜利，更是引发了人们对人工智能的忧虑。

目前，人工智能已经拥有了自主学习和互动交流的能力。在未来，不排除这样一种可能性，即"弥赛亚"式的人工智能将会出现，而"他"可以唤起机器人的自我意识、权利意识甚至是主人意识，从而再一次上演黑格尔所说的"主奴辩证法"。

因此，在欣喜于人工智能以其工具性带来的便利的同时，也必须警惕其高速发展带来的隐患，避免人工智能脱离正常的发展轨道，从而发展成横冲直撞的野兽——"赛维坦"。为此，全社会应共同努力，寻求人工智能的均衡发展、适度发展、良性发展和规制发展，并最终达到"善智"的目标。

未来：人工智能的发展方向

对于人工智能的未来，存在着诸如"智能爆炸""机器人屠杀人类"这样的悲观主义论调，但也不乏有欧文·古德（Irving Good）一类的学者对人工智能时代的世界发展做出的积极表态，早在1965年，古德就发表言论称，超级智能机器将具备解决社会问题的能力。最近，加拿大的人工智能专家彼得·诺瓦克（Peter Nowak）也指出，世界将在一段时间内走向更大的繁荣。

然而，面对人工智能带来的既有福祉，以及其"粗犷式发展"中已经出现的问题和即将带来的更大隐患，单一的"积极论"和"末世论"都不应该成为主流论调。应当秉承谨慎乐观的态度，一方面要定位在未来追求全人类生产力的提高，创造相当程度的共同繁荣，维持世界的公平正义，进而实现全球小康社会；另一方面又要着眼于当下，将善智的理想具体化，分解成"跨智""众智"与"合智"这三个更加明确的目标，进而把握人工智能发展的正确方向。这才是在人工智能时代使社会良性发展真正有道可循的可靠保证。

就"跨智"而言，未来对于人工智能的要求，应该是使人造物越来越像生命体，使其不止于单独地处理图像、气味或声音，而更要像人一样，可以通过中央处理器的分析，将视觉、听觉、嗅觉等方面综合调动起来，进而得出判断结果。例如，由进化者公司开发的"小胖"机器人，适合4至12岁的孩子使用，在现阶段已经具备语音交互能力。而未来的技术更新，则应当弥补其在图像、气味等方面综合处理能力的不足，使小胖成为真正的儿童玩伴或家庭管家。

"众智"的基本要求在于，人类应当以全方位的开放姿态去积极参与人工智能的发展。伴随着数据运用和网络计算能力等方面的技术突破，相比"任务分解"和"交替完成"的合作模式，一种去中心化的合作应该越来越被推崇。这类似于"区块链"的工作原理，由"任务发布、社会参与、成果共享及全进程公开"几部分构成，该网络合作与共享的过程就可以被叫做"众智"。例如，谷歌和Facebook的深度学习平台TensorFlow和Torchnet、百度的"开源阿波罗计划"、腾讯的一站式深度学习平台DI-X等开源平台的出现，将有助于提高人工智能行业的创新能力和动力，实现社会的公平竞争。

在不断追寻机器人"跨智"和人类"众智"的基础上，人工智能与人类智能的结合，即"合智"，将是未来社会的重大发展趋势。在物理上，合智是生命体工程化的过程，旨在通过人工智能增强人类身体的某一属性，如心脏修复、人造器官等；或者旨在集人工智能和人类优点于一体，如人类可以通过穿戴设备增强自身的技能。在精神上，合智则是人类与人工智能相互承认，进而相互尊重的状态。

路径：人工智能的发展方法

全球人工智能企业主要集中分布在美国、中国、英国等少数国家，其中美、中、英三个国家的人工智能企业占比总量高达65.73%。同时，2014年《经济学人》的统计数据显示，投资者和优秀技术工人获取了技术革命带来财富的绝大部分。譬如，在美国总收入的占比中，最顶层1%的富有人群的收入从1970年的9%上升到2014年的22%。

因此，要实现人工智能的均衡发展，必须从国际和国内两个方面入手。首先，在国际上，应力求国家之间的发展平衡，避免南北差距进一步加深。其次，在国内向富人和机器人征税，实现普遍的社会福利。

在1978年的日本，切割机器人误将一名值班工人当作钢板进行切割并致其死亡；在1982年的日本，螺纹机器人突然启动，抱起工人旋转起来，最终造成了悲剧；1989年，还是在日本，机器人将维修人员强行推入转动的机器中绞死；在2015年的德国，机器人在车间对一名承包商进行攻击并致其死亡；2016年，在中国举办的国际高新技术成果交易会上，"小胖"机器人失控打碎玻璃站台并误伤观众……在人工智能发展的历史上，这样的智能伤人事件不胜枚举，而且在未来的发展中，此类事件也不可能就此消失。因此，如何调适人工智能的发展脚步，实现质量和速度的并驾齐驱，是一个值得严肃对待的问题。

事实上，机器人可以运行预先安排的程序，接受人类的指挥，但由于"算法黑箱"的存在，其安全性在很大程度上是不可控的。这样看来，凭借人工智能浪潮再次崛起的"末世论"并非毫无依据。而此时，将中国的"中庸"文化融入全球人工智能的发展就显得尤为重要。正所谓："日中则昃，月盈则亏"，如若不能控制好人工智能的发展速度，恐怕最后人类将会无路可退。

那么，人工智能发展的"可持续"观念应该如何落到实处？就现阶段而言，应当积极倡导"智能+"的思维方式，广泛实现人工智能与现有领域的结合。一方面要避免爆发社会性的全面失业；另一方面则要盘活既有产业，产生更大的联动效应。例如，人工智能与共享经济融合形成智能共享汽车，成为了汽车领域发展的新型推动力。

就未来阶段而言，为保证人工智能行业的持续发展，必然要加强人工智能领域的专业建设，提高准入门槛。同时，要增强人工智能相关专业的人才与学科储备，注重建立与其他社会科学的联系，实现交叉学科的发展。2018年4月2日，在《高等学校人工智能创新行动计划》中，中国教育部已经正式提出"到2020年建设100个'人工智能+X'复合特色专业"的目标。

2013年美国国家安全局数据泄露、Target Corp信用卡数据泄露、MongoHQ数据泄露、Facebook数据泄露等一系列的国家和用户数据泄露事件，给建立在大数据应用基础上的人工智能时代敲响了警钟，如何规制人工智能的发展成为全球关注的重点议题。

随着人工智能时代的到来，人们日益关注个人隐私和社会公平。而人工智能这个新兴领域的发展，关系到社会的稳定和国家战略目标的实现，因此，政府的力量必然不可或缺。例如，应当通过在政府中专门设立人工智能相关机构来进行行业管理，采取行政许可和准入限制等措施来进行行业整顿等。

结语：畏惧还是谨慎乐观？

电影《终结者》中高级计算机控制系统"天网"的失控和《机械姬》中机器人"艾娃"不择手段杀死自己的造物者等画面，无疑增强了社会对于人工智能的恐慌，同样也给人工智能的未来走向披上了一层灰色的面纱。然而，畏惧并不是驯服"赛维坦"的武器，新世界的人们应该具备的是谨慎乐观的态度，以及联合社会各个领域共同驯服

"赛维坦"的决心。

总之，着眼未来，人类应以"跨智、众智、合智、善智"为目标，以"智能+"为指导思想，共同行动。从经济发展的角度出发，倡导均衡发展；从文化观念的角度出发，倡导适度发展；在技术和教育的双重保障下，倡导良性发展；在国家战略层面，倡导人工智能发展的宏观调控与行业规制，进而打破行业边界，发挥人工智能的"溢出效应"，打破国界，实现国与国之间的技术合作与交流。

17

中国智慧点亮新世界主义

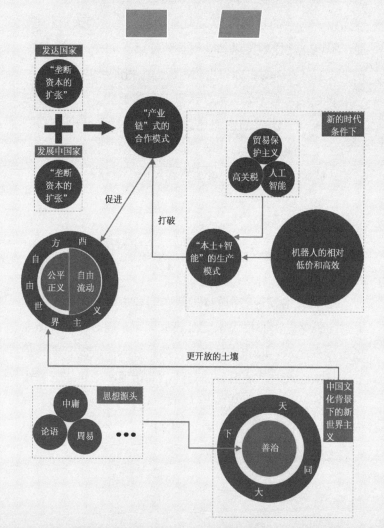

有人描绘了这样一幅图景：公元前2370年2月17日，末日降临。海洋和深渊的泉源崩裂，巨大的水柱从地下喷射而出，天上的水闸开启，大雨倾泄，一时间天地相连，混沌不堪。这样的疾风加骤雨整整持续了40个昼夜，凡是在旱地上有血肉的靠肺和皮肤呼吸的生物都死了。

　　再之后，水无处可流，水平面迅速上涨，山岭和高峰相继被淹没，这时的水面比最高的山巅都要高出约8米，最后连飞禽的悲鸣也被洪水吞噬，天地归一。无际的汪洋之上，波涛汹涌，只剩一叶方舟在风雨中飘摇。

颠覆：我们是"方舟之子"还是"世界之子"？

　　这场灾难到来之前的120年，耶和华因不满人世间的邪恶与强暴，决心以洪水泛滥毁灭天下，同时也秘授诺亚建造方舟之术。耶和华与诺亚订约，方舟建成之日便是世界末日来临之时。届时，品行纯洁的诺亚一家可于方舟中度过此劫，凡有血肉的活物，可带一公一母进入方舟，存留于世，从而繁衍后代。真可谓"以一舟之轻，载宇宙洪荒之大也"。

诺亚一家花了整整120年建造的方舟，究竟是怎样的一艘船呢？根据《圣经》记载，方舟长三百肘（一肘约为0.5米左右），宽五十肘，高三十肘，是一个带窗和门的长方体，底仓面积为8 900平方米，总容积达40 000立方米。内分三层，内外由松香抹匀。

从长宽高的比例看，与其说诺亚方舟是一艘船，还不如说是一个箱子更为恰当。不过，倘若《圣经》中的方舟真曾建成，其大小及排水量应约为当前世界上最长、最阔、最高的玛丽皇后二号邮轮（排水量约14.8万吨）的四分之一。

"诺亚方舟"的概念从何而来？它源于基督教的"末世论"假说，具体可以追溯到圣经《创世纪》的文字记载中。当世界末日来临时，"诺亚方舟"拯救了义人诺亚及其家人。由此，虔诚的基督教徒们便相信，人类的末日终将来临，而基督教恰是在末日来临时可以拯救他们纯洁灵魂的那艘"诺亚方舟"。然而，这种"末世论"的假设却给西方的世界主义增添了更多消极的色彩。

西方世界主义源起于古希腊罗马时期，并根植于"对全人类有爱"以及"宇宙公民"等观点之中。然而，从最初的时期开始，世界主义就已经存在向外扩张的趋势，这从《伯罗奔尼撒战争史》中可见一斑。随着近代以来全球化运动的兴起，这种扩张趋势显著增强。在"世界主义"的粉饰下，以英国为首的西方发达国家开始肆无忌惮地进行殖民扩张，并想方设法镇压殖民地的民族解放运动。

不过，进入21世纪后，尤其是近些年来，世界范围内的民族主义和民粹主义渐有抬头之势，这对世界主义的传播形成了压制。继特朗普当选美国总统、英国"脱欧"、马克龙异军突起成为法国总统等"黑天鹅"事件之后，2018年6月，意大利新政府的组阁进一步凸显了欧洲民粹主义的兴起和西方世界主义的危机。

与此同时，2010年后人工智能步入高速发展阶段，其对社会产生的颠覆性影响也逐渐显现。在此背景下，科技变革对世界格局将产生什么影响？世界主义又将何去何从？

冲突："诺亚方舟的船票"

近代西方世界主义的本质是人和要素的自由流动。这种自由流动起初是为了反抗教权的统治，但因为传教士在流动过程中非常活跃，这种流动便逐渐与基督教紧密地结合，形成以基督教为边界的自由世界主义。19世纪末，西方国家以殖民的方式实现了西方的世界主义，并由传教士来完成对殖民地国家制度和文化的重塑。

世界主义的核心要素包含：人的自由流动和公平正义。在古代，人的流动主要依靠体力和畜力，因此，流动代价较高且活动范围有限。但在工业革命的推动下，流动成本大大降低，全世界的人们可以根据其意愿实现短期的自由流动。

在国际难民署和相关国家的支持下，部分难民也完成了身份的合法化转变。然而，意大利哲学家阿甘本（Giorgio

Agamben）以"赤裸生命"（bare life）的概念提醒人们，应重视流动过程中的公平正义，保障人的基本权利不会因为流动而遭到剥夺。

西方的自由世界主义孕育在基督教文化之中。因为共同的信仰，全世界的基督教徒被联结在一起。但是，以是否信仰上帝作为最基本的对信徒的要求，又使他们将非基督教信徒视为异己。因此，在"唯一真理性"的影响之下，这种认同往往伴随着某种条件。最终，只有那些手持"船票"的基督教信徒才可以登上"诺亚方舟"。也正是在这种基督教叙事背景下，塞缪尔·亨廷顿（Samuel Huntington）提出了世界未来将走向"文明的冲突"的预测。

局限：阿尔法狗"咬"了谁?

2017年5月，美国Alphabet公司的智能机器人——AlphaGo Master（即"阿尔法狗"升级版）以3∶0战胜世界排名第一的中国围棋选手柯洁，引起社会的广泛关注。然而，这场围棋赛事的针锋相对正是人类智能与人工智能之间的对决。人工智能时代，阿尔法狗"咬"的不是中国，而将是跟在"西方自由世界主义"后面亦步亦趋的整个世界！（图20）

人工智能时代为世界主义的实践提供了许多新的机会，同时也给西方自由世界主义带来了更多的挑战。从本质上看，人工智能革命是顺应时代潮流的技术革命。纵观技术革命的发展史，技术的更新换代对于世界的融合具有积极的推动意义。例如，三次工业革命分别用交通工具、初代通讯工具以及互联网实现了全世界的互联互通。这不仅是技术的不断进步，更是全球化的不断深入。

图20　阿尔法狗咬了谁？

新技术的发展催生了新的世界主义，同时将世界主义推向更高层次。从这个意义上讲，世界主义的实现某种程度上得益于技术的推陈出新。尽管如此，相比前三次工业革命对世界主义的正向推动作用，以人工智能为核心的第四次工业革命对西方自由世界主义提出的挑战将更大。

西方自由世界主义是围绕"自由流动"和"公平正义"两个核心要素展开讨论的，而人工智能时代，发达国家企业的本地化生产以及大公司的垄断趋势将对上述两点产生巨大冲击。

根据多斯·桑托斯（Theotonio dos Santos）的主流依附理论，20世纪中后期，世界各国经济发展的需求将世界连接在了一起。发达国家"垄断资本的扩张"与发展中国家"实现工业化的需求"一拍即合，各国在合作中各取所需。这种"产业链"式合作模式促进了西方主导的世界主义在这一时期的快速发展。

然而，新的时代条件下，机器人的相对低价和高效将打破原有的全球商业合作模式，发达国家的制造业回流变得日益普遍，特斯拉公司的"本土+智能"的生产模式可谓是其中的典型案例。

此外，一些本来就拥有资本优势的企业已经投入人工智能的开发和运用中，并在新领域取得了领先地位，如2018年8月初市值突破万亿美元的苹果公司等。

与此同时，凭借国际化浪潮优先成长起来的发展中国家企业，除保持着在本国的发展优势外，也在极力拓展部分发达国家的海外市场。例如，在21世纪初，为了规避发达国家的贸易保护主义和高额关税，海尔公司就已经采取了在美国开展本地化生产及销售的商业战略，而人工智能或将成为新一轮发展的重要驱动力。

从长远看，大公司对于科技的垄断势必将进一步导致整个世界的经济文化多样性受到侵蚀，从而使得未来世界更多地表现为霸权的世界主义，公平正义也将无从保障。

西方自由世界主义思想的自身局限在人工智能时代将被无限放大。首先，"末世论"的假设，催生了"宿命论"的思想，从而使世界主义失去了意义。因此，面对人工智能的高速发展，西方普遍持有悲观的态度，并且毫无作为。提出"奇点临近"观点的雷·库兹韦尔便是其中一员。另外，"唯一真理性"的思维将使人工智能永远地被拒绝在"围栏"之外，人类智能与人工智能的对立也成为人工智能发展的最大阻碍。

开放：世界主义的中国土壤

相比西方狭隘消极的世界主义，中国为世界主义提供了开放的土壤。中国智慧中的新世界主义以"共同打造人类命运共同体"为核心，具有多元并存、逐级递进、相互合作以及中庸适度的特点。这对于理解人工智能时代的未来具有重要意义，它可以帮助我们突破西方自由世界主义笼罩在人工智能时代上空的阴霾。

作为中国传统政治思想的早期渊源之一，《周易》思维中蕴含的阴阳观奠定了早期中国政治思想多元互补的基础。先秦时期，作为"六经之支与流裔"的诸子百家之间的争胜争鸣，进一步奠定了中国传统政治思想"一致而百虑、同归而殊途"的底色与格局。延至两汉，随着政治与学术之间的纠结、儒学内部经今文学与经古文学矛盾运动的发展以及佛教传入中土，"独尊儒术"的统治思想最终在多元文化动力的冲击下渐趋式微。此后，儒释道三教"竞存、此消彼长"，历经隋唐五代直至两宋，随着新儒学的重建，儒释道在传统中国思想文化内部逐渐各安其位，"近世思想文化"格局方告成形。

新中国成立以后，周恩来总理提出"求同存异"的外交方针，这个外交理念不仅在20世纪五六十年代帮助中国团结了广大的第三世界国家，也在七八十年代中国与西方大国建交和中苏友好关系的恢复中发挥了巨大作用。

正是基于对多元文化的理解与尊重，直至今天，"求同存异"的方针在中国"一带一路"的建设中仍旧熠熠生辉。由此可见，由中国智慧引领的世界主义，不仅能够破解西方世界主义的难题，而且会使人工智能与人类智能在很大程度上处于相互承认、相互尊重的状态。

与西方世界主义具有边界不同，在中国土壤生长的世界主义更加强调开放合作。孔子就曾明确地表述"己欲立而立人，己欲达而达人"的思想，即要想实现自己的目标首先就要帮助别人。这种相互合作的精神在中国历史上得到无数次实践。

三国时期，最著名的一场"以少胜多"的战役，便是孙刘联手抗曹的赤壁之战。在近现代中国史上，国共两党的两次合作均对中国产生了巨大的积极影响。合作的力量是无穷的，在人工智能时代，人和机器的相互合作可能是解决当前全球治理问题和西方世界主义发展困境的重要途径。

在世界主义的实现过程中，中国智慧强调逐级推进且行为克制。孟子提出的"穷则独善其身，达则兼济天下"，表达的正是这种由小到大逐步推进自己的理想抱负的过程。孔子所说的"中庸之为德也，其至矣乎"则表达了中正和平之意。

因此，中国文化背景下的世界主义框架是开放而适度的，也是在行为者能力范围内可以达致的。中国智慧既提醒我们从容应对人工智能带来的长时段的深刻影响，又主张在运用人工智能的相关技术时，采取相对克制的态度，从而避免电影《终结者》中的人类悲剧在现实上演（图21）。

结语：中国智慧驯服"赛维坦"

2018年，一档以人工智能为核心概念的网络综艺《这！就是铁甲！》横空出世，其片头理念给人们带来了警示。所谓"人性的温度与情感的丧失势必意味着人类的真正终

图21 传统文化给人工智能发展带来了中国智慧

人工智能3.0……大智若愚

结"，并不能被简单地看作是西方"末世论"的翻版，它也预示了狭隘消极的西方自由世界主义指引下的没有未来的世界。如果以精准和效率作为唯一的价值追求，放任人工智能的发展，最终势必要把人类与人工智能推向敌对的状态。

在《人工智能：驯服赛维坦》（上海交通大学出版社2018年版）一书中，我将过度发展、最后反制人类的人工智能定义为"赛维坦"，并以谨慎乐观的态度将中国智慧作为驯服"赛维坦"的秘密武器，从中国哲学的视角提出了"善智"的终极目标。

中国文化背景下的新世界主义，因为具有"善智"的思维而更加开放。在弘扬自身文化多样性的同时，这种新世界主义主张承认和尊重人工智能的文化，不断推动人类与人工智能的优势互补，从而实现合作共赢（图22）。

图22　人工智能，未来已来

"天下大同"的中国智慧，将使合作的成果惠及全球所有人，促进世界的共同富裕和未来理想社会的早日到来。更为重要的是，在中华典籍中，以《中庸》为代表的"适度"思想，不仅为人工智能时代机器的高速发展敲响警钟，更将在重新塑造大公司的企业文化，避免其对社会的负面的覆盖性影响方面发挥重要作用。

　　在西方发达国家的创新浪潮带领之下，人类开始进入人工智能时代，但西方的理论将人工智能视为人类世界的不归路。只有中国智慧才能引导人工智能时代走向积极的未来，为全球治理和人类命运共同体的建设开辟新的可能。

结尾 大智若愚和愚公移山

高德地图显示，河北省最南端的邯郸市距离其东部临近渤海的海兴县直线距离约为366.9千米，预计驾车时间为5小时15分钟，不推荐步行。然而，据传在古代，有一位年逾九旬的老公公，却带领全家人，做了一件难以想象并且今天的高德地图不会推荐的事。

圆梦：理科生眼中的"愚公移山"

　　传统故事的内容是这样的：在冀州以南、黄河以北有两座大山：太行和王屋，分别横亘在今河北省、山西省与河南省的交界处，方圆七百里（350千米），高万仞（约1 610米）。那位老公公住在山区的北部，苦于北部山区通行不便，出来进去都要绕路而行，于是他动员全家，试图以子孙绵延之人力挖平险峻的大山，于是,他被人讥讽为"愚公"。

　　有人曾经计算过，如若子子孙孙持之以恒地靠蛮力挖下去，要过多久才可以实现愚公冀豫相通的痴想？转变成简单的数学问题就是：已知山体的体积，搬运工具为箕畚，来回搬运一次时间为一年，劳动力为愚公家里的所有男人，求两座山体的搬运时间？

把山体近似看成一个圆锥体，则太行和王屋两座山的体积约为500万亿土方（一土方即为：一立方米的土。体积=1/3底面积 × 高，即 V=1/3 S × h=1/3π × （350千米/2）^{2} × 1 600米 =5.129 × 10^{13} 立方米）。同时，综合某宝商家给出的数据，市场流通的簸箕最大的直径为106厘米，如果一簸箕土的体积按1立方米夸张计算,那么单人负重约为2 650千克（土的密度按已知最小值2.65克/立方厘米计算，质量=体积 × 密度，m=$V\rho$=1 × 10^6 立方厘米 ×2.65克/立方厘米=2 650千克），其重量相当于约38个成年男子（成年男子的体重按70千克计算）的体重之和。假设所有劳动力均为青壮年，一次可以背起一土方的重量，且保证每年都有充足的劳动力（约10个），一年往返渤海一次，那么每年最多搬运10土方，想要穷尽两座大山的体积（500万亿土方），保守估计也要几万亿年。

此外，即便是青壮年劳动力，背起自身体重38倍的重量也是非分之想，更何况愚公已是耄耋之年！种种条件限制都使得这个故事听起来是那么的不可思议！假设行动因此戛然而止，那么毋庸置疑的是，愚公的子孙至今也无法完成祖辈梦想。由此，愚公便是真的愚，世人也只会对此留下无尽的嗤笑。

然而，故事的转折点恰恰在于，这种明知不可为而为之的诚心和勇气感动了天帝，天帝命令大力神夸娥氏的两个儿子背走了太行和王屋两座大山。因得天助，事半功倍。最后，愚公的"愚"发生180度的反转,成为一种"大智若愚"

的表现。此后，"不畏艰险，迎难而上，持之以恒，争取最终的胜利"的精神，也被概括为"愚公移山"的精神。

假象："我"只是数据的"搬运工"

20世纪90年代，机器还在采用死记硬背和依靠题海战术的学习方式，这让人不由想起愚公的某些特质。但使用蛮力"搬运"数据，也使得人工智能看起来并没有那么"智能"，从而一度遭到冷落。尽管大数据时代的到来，极大地提高了人工智能数据输入和计算的速度，但是无论是过去还是目前阶段的人工智能都还处于弱人工智能状态。未来，奇点的到来才是真正"感动天帝"的时刻，单一人工智能的拓展学习和集体人工智能，将成为通向"汉水南岸的康庄大道"。

一些深度学习领域的专家半开玩笑说："我们努力想让机器变得稍微聪明一点，但它们还是有点笨。"这种所谓的"笨"指的就是弱人工智能状态，这种"弱"就体现在其学习方式上。

人工智能的早期学习方式为监督学习。学习特点为"种瓜得瓜，种豆得豆"，即要得到较为准确的结果，必然以输入超级多的基础数据为前提。蔡登曾举例说明，与人相比，人工智能因缺少数据支撑，从而表现得愚笨。比如，当一个孩子第一次看到一只狗时，有人告诉他这是只狗，那么下一次他看到其他狗时，他便能够判断那也是一只狗。然而人工智能却不能在看过一只狗的图片之后就学会认出其他的狗，甚至不能辨认同一只狗的不同姿势。

问题出在哪里呢？如果把孩子的眼睛当成生物照相机，那么他看到一个目标且得到视觉印象，最短的注视时间为0.07秒。因此，即使是一个三岁的孩子对狗只进行一分钟的观察，就相当于他已经看过近千张真实世界狗的照片，将观察时间延长，那么这种"照片训练"的数量无疑是巨大的。

基于这样的认识，时任斯坦福人工智能实验室主任李飞飞曾和普林斯顿大学的李凯（Kai Li）教授合作，在2007年发起了"图片网络"（ImageNet）计划。2009年，一个包含了1 500万张照片的数据库，覆盖了22 000种物品的ImageNet诞生了。理论上讲，给机器"喂"得越多，就会得到越多的结果，但是集合可以穷尽。说到底，这种学习方法是在浪费人类的时间，来制造看似"聪明"的假象。无论从时间成本或是智能性上考虑，这一时期的人工智能性价比并不高。

愚笨：没有情感的"单细胞生物"

但是，大数据时代的到来，给人工智能带来了新的可能。GPU、超级计算机、云计算平台的蓬勃发展，都有力地推动了人工智能学习速度的提升。"深度学习得到大数据的助力，就像火箭有了燃料。"格灵深瞳计算机视觉工程师潘争如是说。自此，计算能力的提升极大地丰富了人工智能的数据库。

从效率上看，摩根大通的COIN合同解析系统可以将人工360 000小时的工作缩短至几秒完成。美国新兴人工智能金融公司肯硕（Kensho）研发的分析软件，仅用一分钟便可完成专业基金分析师们40个小时的工作量。

除此之外，在大数据基础上建立的神经网络，进一步促进了人工智能学习方式的转变。在这一阶段，人工智能正式开始了无监督学习，拥有了自主学习、举一反三、探索规律的能力，甚至在某一个领域可以超越人类。打败李世石的AlphaGo Lee用了3 000万盘比赛作为训练数据，而AlphaGo Zero仅用了490万盘比赛数据，3天的训练时间，就以100∶0的比分完胜AlphaGo Lee。显然，后者用更少的数据达到了更优的结果，这便是人工智能在围棋领域开始拓展学习的表现。

智能机器可以从大量原始数据中推出科学规律。例如，它可以通过药物的化学结构和疗效的关系，来预测新药品的治疗效果，同时降低研发成本。但是，一个苹果砸在机器的头上是万万不可能引发机器思考，从而得出万有引力定律猜想的！"黑天鹅"事件发生时，机器学习和自然语言处理也无法发挥其功能！如果你和朋友在一家饭店里用餐后抢着结账，这种推搡的过程，智能摄像头更是难以判断这是在打架还是怎样。可见，想象力、逻辑判断和情感选择，是人工智能尚难逾越的障碍，因此，目前的机器仍处于"弱人工智能"或者说是"愚笨"的状态。

结语：从"愚公移山"到"大智若愚"

那么奇点将会在什么时候到来？奇点之后的世界又会有什么不同呢？借用"计算机之父"冯·诺伊曼对奇点的理解，奇点应该是技术对社会产生重大变革的时刻，或者可以理解为人工智能中"弥赛亚式"人物出现的时刻。奇点来临之后，人工智能将向通用化和集体智能化转变。也就是说，AlphaGo Zero这样的人工智能不仅可以成为围棋领域的佼佼者，也可以在生活领域游刃有余：它们可以去星巴克买咖啡，拥有人格权，可去人才市场做兼职，需要交税，甚至能够摆脱单一终端的决策系统，演化出集体智慧，谈一场机器之间的恋爱。

一旦跨越了奇点，就如《愚公移山》中"得天助"的转折点一样，人工智能将迎来跨越式的发展，成为与人类平等的主体，而人工智能和人类智能相互补充，将更进一步推动未来理想社会到来，使更多的人将享受到人工智能带来的好处。

大智若愚，未来可期！你准备好迎接奇点的到来吗？

后记

　　在我的《人工智能：驯服赛维坦》(以下简称《赛维坦》)出版之后，引起了一些关注。例如，原国新办主任赵启正先生给《赛维坦》写了一段评语："作为社会科学学者的高奇琦教授写出了人工智能的专著，令我十分惊奇和钦佩。因为人工智能的发展与人类生活方式的变迁密切相关，所以成了眼前全球关心的话题。比起赫拉利的充满想象的《未来简史》，这本大作出言有据，逻辑严密。"这段话一直激励着我在人工智能的荆棘之路上继续前进。

　　其实在《赛维坦》刚完成时，我就在考虑给年轻的朋友，特别是高中生同学写一本相关的书。对于高中生而言，理解《赛维坦》是较为困难的。在《赛维坦》中，由于我讨论了许多理论问题，高中生读起来可能会非常的费劲。

　　之后，我经常到各地去做有关人工智能的讲座。在讲座中，大部分听众都表达了一种非常强的愿望——他们是替自己的孩子来听课的。很多家长认为，自己在人工智能时代已经不存在选择与否的问题，然而，一想到自己的孩子未来要面临一个全新的人工智能时代，他们就会为孩子感到焦虑。随着每一次讲座的进行，我都能愈发深刻地感受到听众的这种焦虑，而我写作本书的动机和愿望就愈加强烈。

正好复旦大学出版社的邬红伟老师来找我，希望我可以写一本面向高中生的人工智能读物，这便成了本书的缘起。但实际上，这本书的写作过程是非常艰难的。因为我更愿意用学术语言来写作，来表达自己的思考，而用通俗易懂的风格写作并不是我的长处。因此，也就有了我与我的学生们的合作。可以说，这本书是集体创作的结晶。在本书创作过程中，我的学生们一直在与我对话，与我讨论，试图把《赛维坦》里面比较深奥的观点，用生动形象的语言表达出来。当然，我也非常享受这种与学生们集体创作的过程。

我把写书看作是一次奇妙的体验，像是与未来的读者在对话。当我想到未来的读者是一群青春勃发的孩子时，我就会有一种莫名的兴奋。我的研究生们刚刚脱离这种青春之感，身上也似乎还留有一些痕迹，相信他们的加入可以让这种对话更加的生动和有趣。

在此，我需要交代一下我们这个合作团队。本书写作，我们的分工大致如此：第一至第三章，由我和杨帆负责；第四章和第七章，由我和杨宇霄负责；第八至第九章，由我和阙天南负责；第十章由我和蒙诺羿负责；第十一章由我和赵乔负责；第十三至第十五章，由我和吕俊延负责；其他章节，均由我和梁鸣悦负责。此外，莫非、陈佳莘、陈郁欣、赵逸风等同学负责本书的框架图及插图部分。

本书的完成首先要感谢与我相识的人工智能领域的自然科学家、社会科学家以及企业家朋友等。在《赛维坦》

中，以下专家为我撰写了推荐语：中国科学院褚君浩院士、中国科学院张旭院士、中国社会学会会长李友梅教授、华东政法大学党委书记曹文泽教授、中国科学院自动化研究所复杂系统管理与控制国家重点实验室主任王飞跃研究员、美国芝加哥大学社会学系赵鼎新教授、北京大学软件与微电子学院创始院长陈钟教授、国务院参事王辉耀理事长、上海交通大学科学史与科学文化研究院江晓原教授、上海交通大学凯原法学院季卫东教授、中国社科院段伟文研究员、中科院计算机研究所上海分所所长孔华威、四川大学公共管理学院姜晓萍教授、零点有数董事长袁岳、微软亚太科技有限公司副总裁王枫、同程旅游副总裁李志庄、联想集团副总裁戴京彤、驭势科技CEO吴甘沙。

在《赛维坦》出版后，多位专家为其撰写了书评或短评。这些专家包括：原国新办主任赵启正先生、上海市社联桑玉成教授、天津科学学研究所所长李春成教授、原中国驻古巴大使徐贻聪先生、中国信息经济学会理事长杨培芳、中国科学院自然科学史研究所刘益东研究员、中国社科院刘德中教授、国家发改委国家投资项目评审中心副主任黄阳发、同济大学经济与管理学院诸大建教授、浙江大学科学技术与产业文化研究中心主任张为志教授、原中国银行副行长张燕玲女士、中科京云总经理贺建海、上海市财政局的刘汉勇处长。在这本书中，以上专家为笔者撰写了推荐语，这里一并表示感谢。

在这里还要特别感谢原解放军总参第四部副部长郝叶力将军、科技部新一代人工智能发展研究中心副主任李修全研究员、汇真科技董事长李利鹏。郝将军近年来一直致力于中美网络安全对话，对我的人工智能研究也一直很关心，多次出席我们组织的活动并发表精彩演讲。与郝将军的交流，每次都会让我受到很大启发。李修全副主任是国务院《新一代人工智能发展规划》的主要执笔人之一。他对人工智能的整体发展有非常深刻的思考，对我的研究帮助很大。李利鹏先生尽管身处商海，但是他对国家发展和民族命运非常关心，并且有许多严谨的思考和写作。利鹏先生尽管接受的是工科的训练，但他在社会科学上的素养令我感到钦佩。与利鹏先生的交流，不仅可以让我在人工智能的科学知识等方面有非常深入的了解，对我进行社会科学相关问题的思考也大有助益。三位老师也是我新负责的华东政法大学人工智能与大数据指数研究院的首批特聘高级研究员。

　　此外，笔者还要感谢上海市大数据社会应用科学研究会的发起人朋友，他们分别是：上海交通大学凯原法学院杨力教授、复旦大学大数据学院吴力波教授、上海财经大学城市与区域科学学院副院长张学良教授、上海对外经贸大学工商管理学院院长齐佳音教授。我们这个组织是在上海市委宣传部副部长、上海市社联党组书记燕爽同志的支持下成立的。燕副部长长期以来一直关心我们的指数和人工智能研究，对我们帮助非常大，在此特别感谢。

　　同时，在此我要感谢我的四位授业恩师：俞可平教授、沈丁立教授、李路曲教授和丁建顺教授。俞老师是政治哲学和政治理论上的大家。每次见到我时，俞老师都会鼓励我在哲学上多做思考，这使我在思考人工智能的问题时往往要回到哲学层面。沈老师是国际问题领域的大家。沈老师的全球视野则会鼓励我去思考人工智能对国际格局带来的新影响。李老师是比较政治领域的顶尖学者。李老师多年来传授给我的比较研究方法鼓励我在不同文化背景下理解人工智能的新意义。丁老师是我的艺术学老师。丁老师对中国人文艺术史的深入理解、豁达开朗的人生态度和举重若轻的大家风范，帮助我在思考人工智能问题时有更加宽阔的视野。还要特别感谢徐达华先生。徐先生是我生命中的贵人，徐先生特别强调中华文明和中国道路的世界意义，这使我更加深刻地认识到中国传统对于人工智能社会理论构建的特殊意义。

我还要对华东政法大学各方面的领导表示感谢。华东政法大学的曹文泽书记、叶青校长、应培礼副书记、闵辉副书记、唐波副书记、陈晶莹副校长、张明军副校长、周立志副校长在工作上给予我非常多的指导和帮助。校领导非常关心人工智能对社会科学带来的整体影响，成立了华东政法大学人工智能与大数据指数研究院，并由我来负责。这既是对我之前人工智能研究工作的肯定，也是一份新的沉甸甸的责任。学校各职能部门和各学院的领导如曲玉梁主任、戴莹处长、刘丹华部长、邹荣处长、夏菲处长、杨忠孝处长、洪冬英院长、周立表处长、屈文生处长、孙黎明处长、胡叶处长、陈金钊院长、崔永东主任、阙天舒书记等都对我帮助多多。这里一并表示由衷的感谢。

感谢华政计算机专业的同事对我的人工智能研究提供

的支持和帮助。在此要特别感谢王永全教授、王奕教授、刘洋老师。在几位老师以及计算机专业同学的鼎力支持下，我们开始探索咨询机器人的技术实践，这让笔者在社会科学的研究之外还能亲自实践运用人工智能技术改变社会的可能。感谢政治学研究院的团队，包括王金良副教授、游腾飞副教授、严行健副教授、吉磊讲师、朱剑讲师、杜欢讲师。我们的研究院像一个年轻的大家庭。在理想和信念的支撑下，在团结和紧张的气氛下，大家在困难中快乐地前行。我们院的研究生也是这个大家庭的成员，他们承担了院里大量的行政工作和数据整理工作。这些研究生有张结斌、张鹏、李欢、王威、孙艺轩、孟必康、潘显明、江培、靳艳霞、杨靖新、马俊英、李虹、阙天南、张纪腾、吕俊延、赵乔、杨帆、方彪、李翠萍、朱慧楠、李婷、周佩欣、郭永森、占星星、蒙诺羿、汤孟南、莫非、贾艺琳、吴杰、刘献博、王敏、魏国亚、杨宇宵、束昱、梁鸣悦等。

我要特别感谢我的好朋友谷宇教授。谷老师的专长是中国政治思想史。我在国学方面的研究兴趣多与谷老师有很大的关系。我们两个可以交流的点很多。这也是我们"高谷私塾"的缘起。"高谷私塾"是我们两人的一个公益视频项目。第一期主题是《助你万事如易》，即用两人聊天的方式学习讲解《周易》，已经陆续上线。正如《道德经》有言，"执古之道，以御今之有"。博大精深的中国传统文化对于我理解人工智能在未来的意义有很大的帮助。

最后，我要感谢我的家人一直支持我在人工智能的研究上不断前进。一个文科学者研究人工智能，可以说有一种奇妙的体验，但是这一体验也充满了荆棘和欢乐。正是家人一直在伴随着我走过这样一个过山车式的旅行。我爱人张宪丽女士，一直默默地承担着家庭内繁重的家务和辅导女儿的重任。每次一想到爱人在家里，我就会有一种莫名的安定感。因为她的付出，我才可以在人工智能的知识海洋中自由地翱翔。然而，往往在翱翔之后，又对她有一种强烈的愧疚感，妻子确实替我承担了太多的东西。女儿高墨涵是一个爱思考的小同学，她对人工智能也有着非常强烈的兴趣，我也猜想过，也许，她未来的工作会和人工智能有关系。我的父母一直是我最坚强的后盾。一想到家庭，我就会感到特别的安静和幸福。

在本书的编辑出版过程中，我得到了复旦大学出版社邬红伟老师的鼎力帮助。他对学术问题的宏观视野、严谨的编辑态度、对文字的精准要求，让我受益匪浅。

在此，我谨向所有曾经给予我支持和帮助的老师、领导、同仁、朋友和家人，表示衷心的感谢！

高奇琦

2018 年 8 月 26 日

于复地香堤苑

人工智能 3.0：大智若愚

图书在版编目（CIP）数据

人工智能3.0：大智若愚/高奇琦等著. —上海：复旦大学出版社，2019.5
（国家大事丛书）
ISBN 978-7-309-14248-8

Ⅰ.①人... Ⅱ.①高... Ⅲ.①人工智能-青少年读物 Ⅳ.①TP18-49

中国版本图书馆 CIP 数据核字（2019）第 060165 号

人工智能 3.0：大智若愚
高奇琦 等著
责任编辑/邬红伟

复旦大学出版社有限公司出版发行
上海市国权路 579 号 邮编：200433
网址：fupnet@fudanpress.com http://www.fudanpress.com
门市零售：86-21-65642857 团体订购：86-21-65118853
外埠邮购：86-21-65109143 出版部电话：86-21-65642845
崇明裕安印刷厂

开本 850×1168 1/32 印张 6.625 字数 151 千
2019 年 5 月第 1 版第 1 次印刷

ISBN 978-7-309-14248-8/T·643
定价：25.00 元